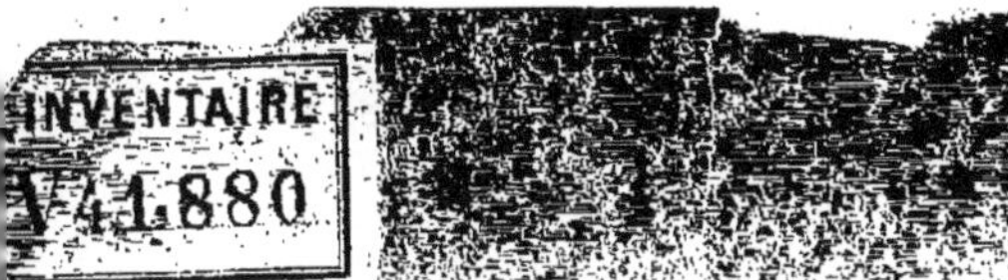

DES

INONDATIONS EN FRANCE

ET DE CELLES DU

DÉPARTEMENT DE MAINE-ET-LOIRE

EN PARTICULIER

DE

LEURS CAUSES ET DE LEURS REMÈDES

PAR

M. LE D' HUNAULT DE LA PELTRIE.

VENDU AU PROFIT DES INONDÉS : 3 Fr.

ANGERS

IMPRIMERIE & LITHOGRAPHIE DE JULIEN-LECERF

PLACE SAINT-MARTIN, N° 1.

1856

SUR QUELQUES-UNES DES CAUSES

DES

INONDATIONS DE LA LOIRE

ET

SUR QUELQUES-UNS DES MOYENS

A EMPLOYER

Pour les combattre ou pour les prévenir

PAR

M. LE Dʳ HUNAULT DE LA PELTRIE.

VENDU AU PROFIT DES INONDÉS.

ANGERS

IMPRIMERIE & LITHOGRAPHIE DE JULIEN LECERF

PLACE SAINT-MARTIN, Nº 1.

1856.

Depuis 1838, époque et date de la publication
que nous avons cru devoir reproduire en ce lieu,
nous n'avons pas dû cesser, ainsi qu'on pourra
bientôt s'en convaincre, d'avoir et la conscience
et le pressentiment de tous les désastres et de
toutes les calamités que l'invasion successive et
prévue des inondations et des grandes eaux ne
pouvaient manquer de nous inspirer, et tel qu'il
en est malheureusement advenu depuis lors
jusqu'à ce jour, mais bien plus particulièrement
encore en 1843 et en 1846. Nos préoccupations
à ce sujet étaient même si vives et si constantes,
que la nouvelle de l'envahissement et de l'irruption des eaux dans nos contrées, nous ont
précisément trouvé la plume à la main revoyant
et recorrigeant ce que nous en avions depuis si

longtemps dit et écrit, et ce afin d'en donner
une réimpression que nous considérions comme
un suprême et dernier avis à l'adresse de nos
concitoyens.

Aujourd'hui que l'œuvre de destruction se
trouve si malheureusement accomplie, c'est par
d'autres moyens qu'il nous faut agir et procéder;
tous et chacun en ce qui nous concerne, nous
avons à remplir la double et salutaire mission
qui peut ainsi nous être et plus ou moins personnellement dévolue ou confiée : d'abord venir
immédiatement en aide à tant de misères et à
tant de souffrances aussi imprévues qu'immé-
ritées ; puis, d'une autre part, rechercher avec
autant de soin que de sollicitude tous les moyens propres à conjurer ou à combattre à l'occasion, toutes les causes plus ou moins éloignées
et prochaines sous l'influence et sous l'empire
desquelles tant de malheurs et tant de fléaux
divers, peuvent encore ou se reproduire ou se
prolonger de plus en plus.

C'est donc avec très grande raison, ce nous
semble, qu'on a cru devoir faire appel à toutes
les lumières, à toutes les expériences, ainsi qu'à
toutes les idées théoriques et pratiques quelconques, soit anciennes soit nouvelles. Car, en
effet, puis qu'ainsi que tout le monde le dit et

le confesse à l'envi, les causes physiques et premières de ces terribles et destructives inondations sont elles-mêmes et multiples et complexes,
il doit donc y avoir place aussi pour tous les
systèmes et pour toutes les théories quelqu'in-
compatibles qu'ils puissent paraître, quant à
leurs modes et natures d'applications diverses et
respectives. Nous n'entendons ici faire à ce sujet
qu'une seule et unique exception, c'est celle qui
se rapporte, ainsi que chacun le comprendra facilement en ce lieu, aux systèmes ou projets que
nous combattons de même qu'à tous ceux qui ainsi
que lui ont le rétrécissement et l'encombrement
de la Loire pour but, systèmes et projets ayant
des principes et des conséquences entièrement et
radicalement opposés à ce que nous nous proposons tous et précisément en ce moment, à savoir :
les intérêts de la navigation et de l'amélioration
fluviales, conciliés avec ceux de la défense et de
la conservation de ces belles îles et vallées dont
les cultures et les productions doivent être mises
per fas et nefas, à l'abri de toutes craintes et de
toutes destructions présentes et futures. Il est,
en effet, aussi incontestable que certain, que si
à ce double point de vue on eût, par exemple, au
lieu de les jeter et de les enfouir tout au travers et au beau milieu du fleuve de Loire, em-

ployé tant de millions ou de milliards cubes de pierres à former soit des perrages, soit de petits murs, talus ou banquettes, dans les endroits de nos levées les plus faibles, les plus menacés et les moins élevés, ainsi qu'on l'avait si hautement et si généralement demandé et signalé ; et ainsi que, d'autre part, on l'avait si officiellement et si publiquement annoncé et promis en 1843 - 1846, nous n'aurions assurément pas à déplorer aujourd'hui et à réparer à grands frais des désordres et des pertes aussi étendus qu'incalculables.

Du reste, ce que nous disons à cette occasion n'est pas pour le vain et stérile plaisir de récriminations aussi tardives que superflues, mais c'est pour démontrer d'une manière aussi flagrante qu'irrécusable, combien de pareils systèmes, la plupart du temps enfantés d'après des plans et des calculs si peu conformes d'ailleurs aux lois immuables de l'expérience et de la nature, peuvent, malgré toute l'habileté et toute la science possibles, devenir aussi funestes que préjudiciables aux plus précieux intérêts économiques et agricoles d'un pays tel que le nôtre. On verra, en effet, dans le cours du présent mémoire, qui a précédé de près de vingt années la rupture et la destruction de nos levées actuelles, que c'est précisément dans les endroits où la masse d'empierrements qui constituent le système des digues submersibles et insubmersibles a été le plus considérable et le plus complet, que les ruptures des levées, que l'invasion et le déversement des eaux, ont particulièrement eu lieu les premiers, tel qu'on a pu le voir à Saumur, à la Chapelle-Blanche, à Tours, à Orléans, etc. La question de ce système est donc jugée et Dieu sait à quel prix. Ce n'est donc plus maintenant de rétrécir et d'encombrer les voies dont il s'agit, mais bien plutôt de les rélargir et de les profonder autant que possible, soit dans le lit, soit dans le cours même du fleuve, soit au moyen de canaux auxiliaires et de dérivations, dont les sinistres eux-mêmes ont malheureusement pris soin ici de nous indiquer et le trajet et la direction. Ayant l'intention de donner à la fin de ce travail, un résumé de tous les moyens les plus propres, selon nous, à aménager et à conduire les eaux de manière qu'elles ne puissent plus devenir aussi dangereuses et aussi menaçantes pour nos contrées qu'elles n'ont cessé de l'être jusqu'à nos jours, nous y renvoyons le lecteur pour tout ce qui touche à la question ainsi posée.

Le mémoire ci-joint a d'abord été lu, avant son impression, à l'une des réunions mensuelles de la Société Impériale d'agriculture, sciences et arts d'Angers, dont nous avons l'honneur de faire partie, dans l'intention bien évidente de la faire intervenir touchant une question d'ailleurs où elle nous semblait aussi compétente qu'autorisée; mais le court délai imposé par l'enquête, ne pouvant se concilier ici avec les formes si lentes et si compassées de la science académique, force nous a donc été de nous adresser à la presse journaliste et quotidienne comme en étant tout à la fois et en réalité la forme et la plus vigilante et la plus étendue.

OBSERVATIONS

AU SUJET DU PROCÈS-VERBAL DE COMMODO & D'INCOMMODO

OUVERT A LA PRÉFECTURE DE MAINE-ET-LOIRE

SUR L'ENQUÊTE

Relative au projet des Ouvrages à exécuter pour parvenir

A

L'AMÉLIORATION DE LA NAVIGATION DE LA LOIRE.

Tel est le titre d'un avis inséré déjà deux fois dans le *Journal de Maine-et-Loire*, à la requête de l'administration, et qui , vu l'importance et la généralité du projet dont il s'agit , ainsi que le mode exclusif et central d'enquête , eût bien dû aussi être recommandé d'autre part à tous les journaux du département sans exception. Oui, l'enquête dont il est ici question, nous ne pouvons trop le proclamer, est de la plus haute importance pour nos localités, tant sous le rapport des intérêts qu'elle concerne, que par rapport aux droits qu'elle préjuge et décide d'après ce projet, *et à priori*, en faveur du droit administratif; en laissant supposer et conclure en définitive, qu'une fois l'enquête accomplie au gré de ses désirs, l'administration des ponts-et-chaussées se mettra de suite à l'œuvre.

Mais cette manière insolite et exclusive, qui semble ainsi trancher d'un seul coup, et sans scrupule, et le droit naturel, et le droit public, et le droit constitutionnel, si éminemment impliqués, selon nous, dans la question, ne peut prévaloir sur les droits et réserves dûment acquis par les lois et règlements en vigueur, et dont, du reste, l'opinion et le vote récent de la Chambre, concluant au rejet de la loi sur les chûtes et prises d'eau, présentée par le ministère, ont si manifestement posé les véritables limites, et rappelé à propos toute la législation sur la matière.

D'ailleurs, et indépendamment des droits précités, il existe encore une foule d'autres questions non moins capitales, concernant les causes premières et productrices, tant physiques que naturelles et locales, sur les embarras et les difficultés de la navigation de la Loire, que l'on suppose toujours aussi comme résolues, quand non seulement elles ne sont rien moins que cela, aux yeux même des hommes de science en général, mais encore d'après la théorie et l'application, dans l'opinion même des hommes du métier qu'on voit procéder à la fois, et sous l'impression d'idées très différentes, pour ne pas dire contraires, et à l'embouchure du fleuve, et vers les parties supé-

rieures de son cours lui-même. D'après ces considérations, et comme en réalité depuis l'origine et la
création du système de nos levées continues, aucun
projet, aucune idée systématique, *aussi vaste*, *aussi
aventureuse*, *aussi incertaine et aussi menaçante à la
fois, et pour la propriété et pour la navigation*, n'avaient
été enfantés et sérieusement proposés avec autant d'in-
sistance et d'autorité que celui de M. Lemierre, dont,
du reste, nous nous plaisons à reconnaître ici et les
bonnes intentions et les séduisants projets, et les
exacts, consciencieux et minutieux travaux auxquels
il a cru devoir préluder, et sur lesquels il appuie ses
opinions et ses projets; nous invitons d'autant plus,
et par cela même, tous les administrateurs des communes riveraines, tous les hommes plus ou moins spéciaux, et tous les intéressés surtout, à vouloir bien se
préoccuper sérieusement et au plus vite, d'une question, on ne peut trop le répéter, vitale en tous points,
et dont les résultats prochains ne laissent pas, du
reste, un temps même suffisant à la paresse et à la
réflexion. En somme, une seule et unique enquête est
ouverte en ce moment à la préfecture d'Angers, à
l'appui de laquelle de vastes plans et un volumineux
travail explicatif sont déposés. Certes, si les empêche-
ments matériels, ainsi que nous avons pu le constater
sous certains rapports, ne s'y fussent pas opposés, il
eût été bien plus dans les intérêts de l'enquête, et bien
plus conforme aux exigences légales réclamées par les
communes intéressées, de voir au moins tout ou partie de ces matériaux déposés aussi dans les lieux
mêmes dont il s'agit.

Mais, à défaut des pièces en question, qu'on ne pouvait peut-être ainsi multiplier et reproduire, l'administration aurait bien pu, ainsi que nous lui avons conseillé, envoyer, il nous semble, à chaque commune riveraine un résumé du projet et un texte explicatif local, au moyen desquels chacun eût ainsi pu apprécier et juger, tant dans ses intérêts réciproques que dans l'intérêt public : en agir ainsi eût d'ailleurs été remplir en tout point le but de toute enquête, qui ne doit pas être, d'après l'esprit de la loi, une mesure plus ou moins illusoire et stérile, qu'on s'empresserait d'annoncer et de clore, légèrement et à la hâte.

En résumé, bien qu'en l'absence de toutes ces communications indispensables, comme il n'en faut pas moins que chacun remplisse les devoirs et obligations qui lui sont imposés, afin d'être en position d'en décliner au besoin toute responsabilité à venir ; nous croyons donc devoir adjurer instamment tous les maires, adjoints, conseillers municipaux, notables et hommes spéciaux, tous les intéressés et autres, de se présenter, soit en leur nom, soit en la personne de délégués dignes et capables d'apprécier toute la portée et l'esprit d'un tel projet, au lieu où sont déposés tous ces plans et travaux ; à en prendre une connaissance approfondie, à leur en faire un rapport vrai et succint, qui puisse mettre en définitive tous les intérêts divers des communes en question, en position de juger des avantages et des inconvénients destinés à être ainsi, par elles, bien et duement consignés à l'enquête.

Nul doute que chacun de nous ne veuille se prêter,

de tout son pouvoir, à l'accomplissement d'améli rations quelconques, destinées à enrichir et à fertiliser
nos belles et fécondes vallées de la Loire: mais toujours faut-il, avant tout, que les moyens proposés,
moyens, nous ne pouvons trop le redire, *si vastes et si
aventureux*, aient au moins reçu déjà ou la consécra-
tion d'une expérience telle quelle, ou la certitude au
moins la plus positive et la plus irrécusable, s'il est
possible, eu égard à une nature de chose qui exclut
d'autre part toute espèce de responsabilité. Car des
intérêts aussi précieux que ceux qui sont en jeu, ne
pourraient ainsi consentir, *sans démence*, à devenir, *au
prix de leur ruine, peut-être*, l'objet d'épreuves ou d'essais quelconques, dans les mains mêmes les plus habiles qu'on puisse les supposer. Ici, qu'on le com-
prenne bien, il faut réussir, d'abord ; réussir dans
tout, partout, et complètement ; car si l'on ne réussit
pas ainsi, on nuit sans aucun doute, *et que de ruines,
de désastres plus ou moins particuliers ou généraux*,
peuvent surgir alors et successivement de mesures
ainsi tentées sans toutes les garanties, toutes les as-
surances les plus incontestablement acquises et prou-
vées.

Enfin, pour compléter convenablement l'enquête
dont il s'agit ici, et qui s'adresse d'ailleurs à une nature d'intérêts et de travaux si vastes et si complexes;
il nous eût semblé aussi convenant que bien placé de
l'adresser aussi *aux Sociétés savantes de notre département*, qui, par la nature de leurs travaux, ainsi que
par la position et les talents variés et plus ou moins
spéciaux des membres qui les composent, nous sem-

blaient en ce lieu un jury on ne peut plus apte et compétent dans l'espèce, scientifiquement parlant, bien entendu. Du reste, comme l'*initiative*, loin de leur être ainsi interdite, ne leur en reste pas moins tout entière, *nous les invitons, de leur côté*, à se saisir au plus tôt de la question, ce qui est d'ailleurs et en tout point répondre et au but de leur institution, et à l'importance et à la gravité du sujet ainsi qu'aux intérêts, aux besoins et à l'attente de leurs localités !

Quoi qu'il arrive, nous ne déserterons, pas plus ici qu'en toutes choses, les intérêts les plus chers de nos concitoyens ; nous suivrons et discuterons sans préventions et sans partialité aucunes, et l'ensemble et toutes les parties du projet annoncé, bien résolu à en tirer les conclusions telles quelles que nous aura aussi révélé l'enquête, toute juste et toute consciencieuse, que nous nous sommes volontairement imposée.

Nous allons, ainsi que nous en avons précédemment pris l'engagement, faire connaître d'abord, puis discuter ensuite, tout l'ensemble du projet soumis à l'enquête en question, qui, à elle seule, nous semblait plus qu'insuffisante pour donner la moindre idée de ce qu'on se propose de faire, et pour fixer l'attention des intéressés d'une manière véritablement utile et fructueuse pour tous.

Commençons par l'historique pur et simple du projet en lui-même : L'idée première, l'idée mère en un mot, qui semble avoir présidé au système si vaste et si complet de M. Lemierre, consiste à canaliser la Loire, et dans le lit même du fleuve, au moyen d'un lit mineur, ainsi qu'on le nomme, de 180 mètres de largeur.

Ce système, qu'on semble avoir conçu et projeté dans son ensemble et d'un seul jet, on propose de l'appliquer en commençant par nous, à partir du canal de Briare jusque et aussi rapproché que possible de l'embouchure de la Loire, en subordonnant probablement d'autre part ses principales conditions à toutes les modifications que pourraient exiger, et la force et le volume des eaux d'écoulement, et les influences des mouvements du flux et reflux de la mer elle-même. Tel est à peu près, en principe, le système d'après lequel l'habile ingénieur croit pouvoir, indépendamment d'une foule d'autres obstacles, rendre en tout temps, et pour une longue suite d'années, aurait-il dû ajouter encore à notre fleuve de Loire, chacun le sait si impétueux, si terrible et si capricieux, un étiage favorable à toute espèce de navigation quelconque.

Pour atteindre le but que l'auteur semble s'être proposé d'après la nature de son projet, et après avoir, par une suite d'observations constantes et non interrompues faites pendant quatre à cinq années, constaté d'une manière précise et véritablement mathématique, ainsi que le démontrent les plans, les plus grands degrés d'abaissement et d'élévation des eaux dans toutes les parties du cours du fleuve soumises à l'enquête, et qui nous concernent, l'auteur a cru devoir tout résumer dans la proposition des travaux suivants :

1° L'établissement de digues longitudinales et parallèles aux chantiers, ainsi qu'au cours du fleuve, élevées de 0^m 60^c au-dessus de l'étiage qu'on a reconnu être du plus au moins depuis 0^m 50^c jusqu'à 0^m. 25^c; digues destinées, par conséquent, à être sub-

mergées au-dessus de la somme de ces élévations to-
tales; digues interrompues elles-mêmes, d'autre part,
dans leur continuité de distance en distance, et dans
des prévisions et d'après des besoins faciles à pressentir.

2º Outre ces digues longitudinales, on en établit
d'autres verticales à ces premières et aux chantiers du
littoral, sur lesquels elles appuient leurs deux extrémités en les reliant ainsi l'un à l'autre, digues auxiliaires et de second appareil, auxquelles on donne le
nom d'épi. Ces digues sont destinées, pendant l'étiage
seulement, bien entendu, à empêcher des courants de
s'établir entre les digues longitudinales et les chantiers,
pour en faire bénéficier évidemment les courants du
lit mineur qu'on veut ainsi, et exclusivement, favoriser.

3º A l'entrée de toutes les boires, le projet propose
d'établir des barrages submersibles ou insubmersibles,
selon l'intention où l'on est d'y supprimer plus, ou
moins instantanément le cours des eaux. Les barrages
submersibles seront établis dans les mêmes conditions
de forme et d'élévation que les digues longitudinales,
dont ils ne sont d'ailleurs, le plus souvent, que la
continuation. Quant aux barrages insubmersibles, ce
n'est plus en les comparant à l'étiage des eaux, mais
plus sérieusement en les élévant au-dessus des chantiers, ou comme il est dit, des prairies adjacentes,
de 0m. 50c., environ 18 pouces à 2 pieds, et en faisant
appuyer sur ces précieux terrains les deux extrémités
de ces barrages insubmersibles, qu'on prétend arriver
au but qu'on se propose.

4º Enfin, des gares ou retraites pour les bateaux

contre les glaces ou les gros temps ; des estacades ou
palissades et des batteries de pieux enfoncés dans l'eau,
partout où besoin sera ; puis, enfin, des balises placées
de manière à signaler, dans les grandes eaux supérieures à leur élévation, tous les écueils de ces travaux
sous-marins. Tel est l'ensemble et le complément de
tous les moyens, de tous les appareils et travaux consignés aux plans et rapports, avec un luxe de dessin,
de calcul, de projection, et d'étendue aussi effrayants
pour la propriété et la navigation, que pour le budget
lui-même.

Ce système dont nous sommes appelés, on ne peut
trop le redire, à faire les premiers essais sur une aussi
vaste échelle du moins, embrasse toute la distance
que parcourt la Loire depuis la Pointe jusqu'à Mont-
Jean. Quant à ce lit mineur, à ce canal sous-marin
dont nous avons déjà parlé, et qui constitue entièrement
le fait principal du projet, ayant 180 mètres, environ
cent toises de largeur, tandis que la Loire, dans la
moyenne proportionnelle de son véritable lit, en a généralement de deux à trois cents ; il ne doit point, il
faut bien le dire, parcourir toujours, et absolument,
le milieu et le centre du fleuve, il doit être fléchi, dévié
ou appliqué même et plus ou moins, tantôt sur la rive
droite, tantôt sur la rive gauche, en subissant sans
doute les accidents du terrain ou des eaux, ou les idées
systématiques du projet ; de telle sorte, que des deux
cents toises de surface et de largeur laissées à peu
près en dehors du canal ou lit mineur renfermé, lui,
et pendant l'étiage seulement, dans ses digues longitudinales, une plus ou moins grande étendue, et parfois

et souvent la totalité, pourront être ainsi le lot d'une seule rive, au préjudice ou à l'avantage, comme on voudra le considérer, du littoral opposé.

En dernière analyse, voici à peu près, et autant que nous pouvons l'avoir compris, la direction et le partage de tous ces travaux. Depuis le point de départ assigné (le bourg de la Pointe jusque vis-à-vis Montjean), la digue longitudinale formant sur la rive gauche le côté gauche aussi du lit mineur, ou du canal de navigation projeté, commence un peu plus haut sur cette rive que sur l'autre, et s'étend à peu près depuis l'ancien arrivage du Port-Thibault jusqu'à l'extrémité d'aval de l'îlot. Sur la rive droite, côté droit du lit mineur, la digue longitudinale commence aux pierres Bécherelles, forme un barrage à l'entrée des boires Guillemette et de Savennières, pour se continuer jusques et en aval de l'île de Béhuard, et passer ensuite au sud en avant du Buisson du même nom ; puis revenant à la rive gauche, les mêmes digues longitudinales se continuent le long et parallèlement aux Lambardières, et assez avant dans le lit du fleuve, passent devant la boire de la Ciretrie ou des Verdaux, y laissant un passage libre, attendu qu'au dedans de cette boire, et assez bas pour y ménager une gare, on doit y établir un barrage insubmersible. Puis côtoyant l'île des Verdaux jusqu'à son extrémité d'aval, ces mêmes digues laissent encore ici une large voie pour donner cours aux eaux destinées à alimenter le canal de navigation devant passer à Chalonnes ; elles se continuent après avoir, pour ainsi dire, coiffé l'extrémité d'amont ou la tête de l'île de Chalonnes, barrant, chemin faisant, le

bras dit du petit Port-Girault au moyen d'un barrage
submersible, on le conçoit, puis viennent, à son tour,
coiffer aussi l'extrémité d'amont du petit Port-Girault,
et non de l'île Touchais qui lui fait suite, ainsi que le
dit le plan, pour continuer le canal de navigation
adopté par le bras dit le grand bras, entre le petit et
le grand Port-Girault, bras suivi exclusivement, du
reste, depuis nombre d'années, par la grande navigation. On voit donc, qu'arrivé à ce point, le système
se modifie et se subdivise de telle sorte, que deux lits
mineurs de navigation sont ici admis : l'un se dirigeant
par Chalonnes et les boires qui s'en suivent, jusques et
en avant de l'île de ce nom, et vis-à-vis de Montjean ;
puis un autre lit mineur, on pourrait presque dire de
grande navigation, destiné à suivre la véritable pente,
la pente naturelle et la plus grande élévation des eaux,
par le grand bras du fleuve.

Tels sont, en résumé, et le système général du projet, et l'ensemble des travaux dont nous avons essayé
de donner ici une idée plus ou moins complète , afin
d'éclairer et les intérêts et les opinions de nos concitoyens ; nous eussions assurément mieux aimé qu'au
lieu de ces documents incomplets et sans preuves sous
les yeux , l'administration , cédant à nos désirs , eût
fait, elle, tout ce qu'il lui était possible de faire en
pareil cas. Mais , puisqu'il n'en est rien , peut-être
nous saura-t-on quelque gré et de nos efforts et d'un
travail qui ont, en somme, l'intérêt public et particulier pour seul et unique objet. Si cela ne suffit pas
pour tout, cela suffira du moins pour faire sentir à
tout le monde, l'immense intérêt de l'enquête ouverte,

ainsi que l'urgence et l'opportunité de se mettre promptement en mesure.

Nous avons cru devoir suspendre pendant quelques jours la suite de nos publications au sujet du projet ci-dessus, afin de laisser à l'esprit public, averti et éclairé par nos précédentes communications sur la nature et l'importance des faits, le temps de se former, d'après ses seules réflexions et ses propres lumières, une opinion et une volonté complètement indépendantes. Car ici, comme en toutes choses, nous n'avons jamais eu la prétention de faire prévaloir ou d'imposer nos opinions personnelles à qui que ce soit, dans un ordre de choses et d'intérêts surtout, où tant de spécialités et de capacités de toutes sortes ont acquis d'ailleurs l'autorité de la sagesse et de l'expérience. Notre but à nous, en tout et pour tout, est de tâcher d'être utile à notre pays ainsi qu'à nos concitoyens, et nous avons pensé pouvoir l'être ici, en leur signalant ce que nous considérons comme un véritable danger pour eux. Maintenant que le temps et la liberté ont été laissés à chacun pour se former un jugement et une opinion à soi, pressé que nous sommes, d'ailleurs, par le court délai légalement imposé par l'enquête, nous allons continuer, ainsi que nous en avons pris l'engagement, à discuter le projet dont il s'agit. Nous saisirons en même temps l'occasion de remercier d'abord l'administration des nouvelles communications, qu'à notre sollicitation, sans doute, elle a bien voulu publier avec plus d'extension, il faut l'avouer, qu'en premier lieu. Ces documents, tout restreints et analytiques qu'ils soient encore, pour l'intelligence complète et

générale du projet, n'en sont pas moins de ces con-
cessions obligeantes dont il faut toujours lui savoir
gré.

Mais, avant d'aborder encore, et de traiter l'objet
spécial de la question en litige, il nous semble indispensable de faire connaître et de résoudre d'abord plusieurs questions préjudicielles de la plus haute importance, puisqu'elles touchent et pèsent d'un poids
immense sur le principe et le fond même du projet.
Ces questions se rattachent éminemment au droit que
l'administration semble s'être arrogé ici, en décidant,
de sa propre autorité et toute puissance, et des chan-
gements, et des modifications, et des travaux de toutes
sortes, destinés à agir sur le cours, la direction, l'é-
tendue, ainsi que sur mille autres conditions d'existence
et de nature, de l'un des plus importants fleuves de
France : questions toutes de propriété et de souveraineté, sans y être autorisée, non seulement par aucune
loi spéciale, mais en violant au contraire, selon nous,
toutes les lois existantes.

Le projet dit littéralement, en effet, qu'aussitôt
l'enquête terminée, l'administration des ponts-et-
chaussées se mettra à l'œuvre ; et pressant elle-même
ces formalités obligatoires, elle déclare qu'elle est dé-
cidée à le faire dès cette campagne même, si la chose
est possible. Il nous semble qu'ici, cela est préjuger
d'une manière flagrante, et passer outre, sans hésiter,
sur une foule de considérations légales et législatives,
qui ont plus qu'à voir et à juger, dans une pareille
matière.

En principe et en fait, tout le monde sait qu'il est

tout à la fois de droit naturel et de droit public, que l'air et les eaux en particulier, soient classés dans le domaine de la chose publique, comme chose dont l'usage est à tous et la propriété à personne, chose dont l'administration elle-même et le gouvernement qu'elle représente n'ayant pas, par conséquent, le droit de propriété, ne peuvent, en aucune façon, s'arroger le monopole, ni en disposer en maîtres. Le gouvernement n'a sur ces choses que l'exercice de la souveraineté, c'est-à-dire le droit d'en régler l'usage dans l'intérêt général, le droit, en un mot, de surveillance, de police et de conservation. Les grands cours d'eau, en somme, tels que les fleuves et les rivières, sont pour ainsi dire, assimilés en tous points ici, aux petits cours d'eau eux-mêmes, dont il n'est permis à personne, pas plus à l'administration qu'aux particuliers, de changer la nature, le cours et la quantité, soit pour les détourner ou les dévier à son profit, soit pour en faire bénéficier les autres. Vouloir donc en agir ainsi qu'on le prétend, c'est violer évidemment l'esprit et la lettre de la loi, c'est porter atteinte au droit écrit et coutumier, pour faire passer ainsi, plus ou moins sciemment, dans le domaine de l'état, ce qui ne lui appartient pas et ne peut lui appartenir. Cette manière de prendre ainsi en sous-œuvre, et au bénéfice d'un fisc insatiable, dont les innombrables et dévorantes racines cherchent aujourd'hui à s'implanter à tout et partout, les choses qui nous y semblaient le moins assujéties, nous représentent, quant au projet en question, un de ces soldats perdus ou indisciplinés, qui devait, le cas échéant, se rallier tout naturellement à la loi sur les chûtes et les prises d'eau, soldat qui a fait feu avant l'ordre, ne comptant sans doute pas sur une déroute aussi complète. Du reste, comme la Chambre a fait justice des prétentions fiscales et inconstitutionnelles affichées en ce lieu par l'administration, il faut espérer que, conformément à ses décisions passées, elle interviendra, s'il le faut, dans la question qui nous occupe.

Revenons maintenant au principe spécial qui a dirigé l'auteur du projet sur l'amélioration de la navigation de la Loire. Ne tenant, sans doute, qu'un compte très secondaire de la nature, de la force, de la puissance et de l'étendue du cours des eaux de la Loire, ne considérant sans doute aussi les causes de la production des sables et de leurs dépôts, de leur amoncellement, de leur mobilité incessante et capricieuse, que comme des choses, des phénomènes ou des accidents faciles à vaincre et à gouverner, M. l'ingénieur en chef Lemierre a cru pouvoir obvier à tous ces inconvénients, détruire toutes ces causes, surmonter tous ces obstacles et assurer en tout temps le commerce et la navigation, sans nuire en aucune sorte à la propriété et à l'agriculture, et ce, depuis Briare jusqu'à l'embouchure de la Loire, au moyen d'un canal mineur de 180 mètres de largeur, établi dans le lit même du fleuve, dont la largeur moyenne est toujours, ou le plus généralement, du double au moins ; canal ou lit mineur, ainsi qu'on le désigne, formé par des digues longitudinales qui doivent s'élever dans toute leur longueur de 1 mètre 60 centimètre au-dessus de l'étiage, ayant deux de base pour un de sommet. Les digues transversales ou épis, les barrages submersibles ou insubmersibles , les estacades ou palissades , etc. , ne sont, ainsi que nous l'avons dit précédemment , que les accessoires ou le complément de ce système.

D'abord, et si on le voulait, il y aurait encore ici plusieurs questions à résoudre avant de discuter les moyens proposés. La Loire, dirait-on, a-t-elle jamais été navigable en tous temps? est-il possible qu'elle puisse le devenir ? est-il indispensable aujourd'hui de le tenter coûte que coûte, en présence et en concurrence même et du canal latéral et des chemins de fer de son littoral, qui sont en ce moment non seulement en voie d'études, mais encore en voie d'exécution.

A la première de ces questions et bien qu'à la vérité, l'un des premiers en France nous l'ayons signalé en prenant la Loire elle-même et les sources de nos contrées pour preuves, la diminution de la quantité, du volume et de l'étendue des eaux ait presque partout été observée; il n'en est pas moins vrai que, sauf les quatre ou cinq années de sécheresse universelle qu'on a pu constater, la navigation a repris depuis son cours régulier; *et en 1837 les eaux ont même toujours été presque assez élevées pour ne pas entraver un seul jour, que nous sachions, les communications par bateaux à vapeur entre Nantes et Angers.* Certes, et c'est là le malheur, si l'on compare la navigation de la Loire, de tout temps interrompue pendant quelques mois de l'année, avec la navigation continue, ou des canaux artificiels, ou des grands fleuves du Nouveau-Monde, et pour la vitesse, avec les chemins de fer eux-mêmes, on court infailliblement ici les risques de tomber dans le faux et l'exagération, en confondant ainsi et respectivement toutes les choses les plus inconciliables et les plus disparates.

Ce qu'il y a véritablement de certain en ce qui nous concerne, c'est qu'à l'époque de nos guerres continentales et de notre blocus maritime, le commerce du cabotage étant rigoureusement intercepté entre toutes les côtes de France, il fut nécessairement forcé de se faire par nos canaux intérieurs, et alors ce fut plus particulièrement par la Loire qu'eurent lieu l'alimentation et le ravitaillement presque exclusif, non seulement de Paris, mais encore de tous les départements de son littoral, ainsi que le plus grand nombre des départements ouest, nord-ouest et nord de la France. Ce n'était point en ce temps, au seul approvisionnement et au seul transport des denrées coloniales, débarquées à Nantes et à Bordeaux, que le commerce et cette navigation florissante avaient seulement à pourvoir, c'était encore à toutes les denrées de première nécessité. Pendant neuf mois de l'année plus ou moins, de riches et nombreuses flottes de bateaux sillonnaient et couvraient incessamment la Loire, chargés de blé, de farines, de céréales et graines de toute espèce; de sel, de vin, de fruits, de beurre et d'une foule d'autres objets de consommation ou de luxe qui échappent à notre mémoire. Eh bien! cependant, cette Loire alors, avec sa navigation aussi irrégulière et aussi incertaine à peu près qu'aujourd'hui, non seulement suffisait à tout en temps opportun et en quantité suffisante, mais encore toutes ces denrées elles-mêmes, tous ces objets de nécessité première étaient en réalité livrés aux consommateurs

et au commerce, à meilleur marché que de notre
temps, tandis que, d'un autre côté, la marine et le commerce de nos contrées étaient florissants et prospères.
Voudrait-on nous faire accroire que ce soit l'état actuel de la Loire qui n'a pas ou peu changé, qui a
amené ces résultats fâcheux pour nous, afin de nous
persuader que des travaux entrepris pour lui rendre la
navigation, s'ils venaient à réussir tant bien que mal,
restitueraient à notre marine ainsi qu'à notre commerce
tous les avantages qu'ils ont perdus? Qu'on ne s'abuse
pas, il n'en sera rien, car ces résultats tiennent, et
chacun le sentira en y réfléchissant, à des causes d'un
ordre général et politique d'une toute haute portée
que celles dont on pourrait nous bercer encore.

La paix générale et la paix maritime surtout, en donnant l'essor et la liberté au cabotage, ont ouvert au
commerce, par des points plus favorables et plus multipliés, une foule de concurrences qui, en distribuant
plus également et en plus grande quantité, les profits
jusqu'alors exclusifs de certains ports privilégiés, ont
diminué d'autant la part de chacun. Les ports du Ha-
vre, de la Manche et ceux du midi, ont surtout enlevé
à Nantes, ainsi qu'à notre Loire qui en était le débou-
ché, la mine féconde et la source affaiblie d'une richesse et d'une prospérité qui ont fait leur temps. Au
lieu donc d'aller courir après des chimères, au lieu
de lutter contre des choses qui, en définitive, ont tourné
au profit et au bonheur de tous, il vaudrait bien mieux
chercher par des moyens sages, prudents, naturels et
possibles, à diriger toutes les forces et la puissance
industrielles et commerciales de nos contrées, vers les

améliorations et les perfectionnements où elles sont appelées à trouver le plus d'avantage et le moins de concurrence.

Quant à nous, nous ne croyons pas qu'on puisse jamais parvenir à rendre la Loire navigable en tous temps. *Les moyens qu'on emploierait seraient bientôt, nous le croyons, détruits ou neutralisés par ces énormes grèves de sable, si imprévues et si capricieuses, si incessamment mobiles sous l'influence de ces courants superficiels ou profonds, dont aucun art, que nous sachions, puisse aujourd'hui parvenir à maîtriser ou à détruire complètement les terribles et incalculables conséquences; quand surtout arrivent et les glaces et les grandes et terribles inondations que les obstacles et les travaux artificiels doivent rendre, selon nous, plus menaçants et plus désastreux encore pour nos belles et riches vallées;* tandis que l'expérience nous a prouvé depuis des siècles, qu'avec les seules défenses naturelles et préventives aujourd'hui admises et employées, le fleuve livré lui-même ainsi à un cours libre et régulier, sans contrainte et sans obstacles violents, mais en aidant, en soutenant ou en résistant cependant parfois avec intelligence et opportunité à ses efforts plus ou moins désordonnés, non seulement n'a jamais produit chez nous de grands et irréparables ravages, mais au contraire a été partout contenu et dirigé de manière à être plutôt utile que nuisible tout à la fois et en tant que justice, raison et possibilité, et à la navigation et à la propriété toute entière.

Si maintenant, pour prouver bien plus encore ici toute l'impuissance de l'art et des travaux projetés,

nous voulions prendre les choses de plus haut, et rechercher les causes premières et productrices toujours
croissantes, il faut bien l'avouer, de ces sables qui af-
fluent incessamment dans la Loire, et qu'aujourd'hui
elle charrie, et dont elle se débarrasse avec si grande
peine, nous demeurerions encore plus convaincu, et de
l'inanité des travaux proposés, et des dangers réels
que leur exécution doit entraîner, considérés de ce
point de vue, et pour la navigation, et pour l'ensablement plus inévitable et plus prompt encore qui doit en
résulter dans le cours et le lit le plus important même
du fleuve. Nous n'énumèrerons point ici ces causes si
désastreuses et si intéressantes à la fois pour les sciences
naturelles et économiques, elles nous sont malheureusement communes avec les principaux fleuves et rivières, et avec presque tous les ports de France, ainsi
que nous avons pu le constater par nos propres yeux,
et nous y reviendrons s'il est nécessaire, car nous avons
hâte. Tout ce que nous pouvons ajouter à ce sujet,
c'est que l'art aussi, dirigé et appliqué par les mains les
plus habiles, a entrepris là de grands et beaux travaux,
sans doute, qui malheureusement n'ont amené non
plus aucun résultat, et n'ont pas empéché les choses
de s'aggraver. Faudrait-il en conclure que la terre, ce
grand et puissant corps, ainsi que tous les corps vivants qu'elle renferme et recèle, n'est destinée, elle
aussi, à ne vivre qu'un temps, dont les années sont
pour elle marquées par des siècles peut-être, et qu'ainsi
que les corps vivants, c'est par la diminution insen-
sible et graduée de tous les fluides qui l'animent et la
vivifient, qu'elle doit aussi se transformer en corps de

plus en plus terreux ou solide par l'amoindrissement,
l'obstruction et la disparition successives de ces cours
d'eau, fleuves ou rivières, qui, comme les veines et les
artères du corps humain, dont ils sont pour ainsi dire
ici les sensibles et vivantes images, finiraient à leur
tour, et sous l'empire des mêmes lois, par s'oblitérer
et s'ossifier en arrêtant partout aussi le mouvement et
la vie.

D'après les considérations générales traitées dans
nos précédents articles, touchant le principe et la nature de la question, il est maintenant aussi facile à
tout le monde, qu'à nous-mêmes, de comprendre et
de juger le projet proposé. C'est précisément aussi ce
que nous allons essayer aujourd'hui, en faisant l'application de nos idées à ce que ce projet a de plus particulièrement spécial pour nos localités, tant dans son
ensemble que dans chacune de ces parties. Ainsi que
nous l'avons déjà dit, les digues longitudinales, loin
d'apporter remède aux causes productrices, ainsi qu'à
la nature et aux mouvements des sables, à leur dépôt,
à leur entassement, à l'engorgement et à l'obstruction
incessamment croissants du fleuve, dont on croit bien
plutôt de la sorte augmenter le volume et la puissance
des eaux, en les recueillant aussi et en les resserrant
passagèrement dans son lit mineur, ou chenal central,
nous semblent, à nous, devoir précisément produire
des résultats complètement opposés. Il ne faut pour
cela qu'interroger, du reste, et l'expérience, et les faits
existants sur les lieux mêmes dont il s'agit, tels qu'ils
se sont passés de tous temps, et tels qu'ils se passent
encore aujourd'hui sous nos propres yeux, et l'on ap-

prendra que ce sont positivement les bras on boires les plus resserrés, et même les plus rapides et les plus profonds, que l'on a vu se combler et s'obstruer des premiers, et nous en citerons pour exemples les boires de Savennières, de la Circterie, et surtout la boire du Chapeau qui, sous ce rapport, était des plus remarquables, tandis qu'aujourd'hui elle est presque entièrement ensablée, au moins pendant l'étiage. Vouloir donc imiter ici des faits aussi contradictoires, en les appliquant dans toute leur extension au milieu d'un fleuve libre et sans entraves dans son cours, dont du reste les attérissements lents et successifs s'accomplissent, pour ainsi dire, d'après des principes naturels, et dans des directions aussi heureuses et aussi bienfaisantes que possibles, aidés et soutenus, il est vrai, par les travaux intelligents et conservateurs des intéressés ; vouloir imiter, disions-nous, et par l'art encore, des faits aussi contraires, serait ici témérité ou folie ; car, selon nous, il serait bien plus prudent et bien plus sage de s'appliquer à repousser des procédés qui amèneront bien plus tôt et bien plus infailliblement, non seulement l'ensablement désordonné et tumultueux du lit mineur projeté, *mais encore celui du cours entier de la Loire*, au préjudice, bien autrement grave qu'aujourd'hui, de la navigation et de la propriété.

D'après un pareil système, ce serait véritablement d'autre part passer bien vite et bien contrairement pour l'administration des ponts-et-chaussées, qui, précisément et dans cette question elle-même, se trouve en désaccord et en contradiction la plus complète, dans la

personne de ses hommes les plus éminents et les plus
en faveur, ainsi que nous le prouverons bientôt; ce
serait véritablement passer bien vite ici des principes
et des lois qui la régissent aujourd'hui, à des lois, à
des principes entièrement opposés, auxquels on prétend
néanmoins accorder des influences complètement différentes. Chacun sait, en effet, et beaucoup à ses dé-
pens, avec quelle rigoureuse sévérité l'administration
poursuit aujourd'hui les riverains pour des travaux la
plupart du temps, si minimes et si inoffensifs qu'ils
soient, tels que plantations, empierrements, fasci-
nages, jetées ou virées de branches, etc..... Si minu-
tieusement recherchés et constatés par le balisage, en
prétendant que ces divers travaux nuisent au cours
des eaux, entravent la navigation et provoquent, en
définitive, l'ensablement du fleuve. Eh bien! nous
vous le demandons, qu'est-ce, en comparaison de
ces chétifs et misérables travaux qui, du reste, eux,
ne s'exercent et ne peuvent véritablement réussir,
qu'en se modelant sur la nature et la vérité des choses, et en prêtant un salutaire secours à l'intérêt public et particulier, en comparaison, disions-nous, de
ces immenses travaux d'art, de ces endiguements pier-
rés, établis, eux, tout au beau milieu et en travers du
fleuve et du cours des eaux, d'une manière presque
continue et entièrement systématique, l'espace de plusieurs lieues?

Croirait-on qu'ici les sables ne seront pas arrêtés à
tort et à travers, incessamment flottés et roulés d'un
côté sur l'autre, en rencontrant partout des obstacles
et des points d'arrêt dans un lit étroit et barré, à

moins qu'on ne veuille bien leur supposer la complai- sance de se relaisser, après être entrés tranquillement et librement dans ces petites anses ou rades aux eaux calmes et dormantes, pendant l'étiage seulement, il est vrai, mais qu'on semble leur avoir ménagées à des- sein entre les digues longitudinales et le littoral ? Ce serait vraiment trop compter sur des choses ici par trop aventureuses, en vérité! et la navigation et le ha- lage que seraient-ils donc destinés à devenir, eux, dans ces éventualités ? Du reste, et on le comprend parfaitement, de pareils travaux ne sont que des es- sais, des pierres d'attente, de projets bien autrement gigantesques et dont le but final, il est facile de le pressentir, serait en dernière analyse *la canalisation de la Loire dans le lit même de la Loire, par la provoca- tion des attérissements latéraux d'une part, et l'exhausse- ment incessamment et successivement pratiqué des digues longitudina'es que l'on joindrait alors d'une manière continue*, puis, comme conséquence, la prise de pos- session de tous ces attérissements et alluvions, formés dans toute la longueur et l'étendue du fleuve !

En somme, ces conceptions théoriques et fiscales, toutes séduisantes qu'elles puissent paraître, présen- tées ainsi sous divers aspects et avec telles ou telles conséquences destinées à convaincre ou à entraîner une foule d'intérêts ou d'opinions plus ou moins contraires, élaborées ainsi dans de longs et pénibles mémoires, dans de savants et vastes plans bien finis et bien coor- donnés là, sans conteste et sans contradiction, le crayon et le compas à la main, sont malheureusement destinés, on le voit et on le verra encore mieux de plus en plus, à éprouver , de la part des faits et dans l'application, *de graves mécomptes, de nombreuses oppositions, et de plus innombrables impossibilités encore !*

Toutes ces combinaisons et tous ces travaux, en effet, calculés ici d'après l'étiage ou d'après l'état de la Loire à ses plus basses eaux, sont appelés à bien changer d'aspect, sitôt que les eaux viendront à couvrir seulement de quelques pouces toutes ces digues submersibles et autres. Indépendamment des risques et des impossibilités de la petite et de la grande navigation, au travers de ces écueils plus ou moins sinueux et tourmentés , qui, bien que signalés de distance en distance par des balises, ne pourront guère être évités dans les gros temps et dans les grandes eaux , ainsi que le comprendront facilement ceux qui connaissent le système de notre navigation, il est impossible ensuite de prévoir *les dangers et les désastres que ces divers travaux peuvent entraîner et contre les chantiers et contre toutes les propriétés du littoral* par des courants et des brisants ainsi provoqués au milieu même et en travers à la fois de l'un des fleuves les plus rapides et les plus puissants. Ce que nous venons de dire pour les digues submersibles , nous semble bien autrement grave encore à l'égard des digues insubmersibles qui, élevées, elles, au-dessus de toutes les terres environnantes de deux pieds au moins , et s'appuyant sur elles par leurs deux extrémités , y opèreront nécessairement des chûtes d'eau qui creuseront et ensableront inévitablement tout ce qui des deux côtés se trouvera en aval.

Tel est , en somme , et l'ensemble du projet et les

travaux partiels destinés à le compléter, dont on est
à la veille de faire l'essai chez nous, l'espace de six
lieues, depuis la Pointe jusqu'à Montjean; système
gigantesque et aventureux, selon nous, qui ne tend
à rien moins qu'à porter tôt ou tard les plus graves
atteintes et à la navigation qu'il prétend améliorer, et
à la propriété, et à l'agriculture, qui, assure-t-on, n'ont
rien elles-mêmes à en redouter! Nous croyons, nous,
et nous ne pouvons trop le répéter, appuyé d'ailleurs
ici d'autorités dont on ne déclinera pas à l'occasion la
spécialité et la compétence, que l'accomplissement ou
*l'essai de pareils travaux ne sont propres qu'à amener et
à hâter de plus en plus l'exhaussement du fond du fleuve,
qui, alors et dans les inondations annuelles ou extraor-
dinaires que nous sommes condamnés à subir aujourd'hui
avec plus ou moins d'abondance, ne trouvant plus dans
son propre lit le moyen de contenir, d'écouler et de char-
rier le volume de ses eaux, ainsi que les sables qu'elles
entraînent et qui les grossissent, viendront forcément se
ruer violemment sur nos îles et nos fertiles vallées, portant de tous côtés le ravage et la désolation, de manière
à se creuser à la longue, et çà et là, peut-être, un cours
incomplet et désordonné, dont alors, et trop tard, on re-
gretterait assurément d'avoir provoqué ou favorisé au
moins l'existence.*

Du reste, et la lettre jointe au dossier de l'enquête
en fait foi, l'administration de Maine-et-Loire, il faut
le dire, n'a point demandé et provoqué, ainsi que du
moins il nous a été permis d'en connaître, le principe
et l'application du projet de M. Lemierre. M. Derrien,
d'ailleurs, a laissé dans nos archives et soumis au gou-

vernement des plans et des projets d'une application
bien autrement utile et possible que ce dont enquête,
projets que nous ignorions en prenant la défense des
intérêts de nos localités, que nous approuvons depuis
qu'on nous les a fait connaître, attendu qu'ils diffèrent
peu de ceux dont nous allons parler, et que, surtout,
ils concilient parfaitement aussi l'intérêt général et
l'intérêt particulier, sans porter aucune atteinte aux
principes. Quant au fait actuel, M. Gauja, préfet de
Maine-et-Loire, soit en ses nom et qualité, soit au nom
des conseils administratifs du département, se bornait
à demander un chemin de hallage aux Pierres-Bé-
cherelles, et certains travaux spéciaux et désignés
pour favoriser la chûte des eaux, en portant la navigation vers plusieurs points, et particulièrement vers
Chalonnes, ce à quoi nous nous joignons de bien
grand cœur, et c'est à cette occasion que M. l'ingénieur en chef Lemierre s'est empressé de produire son
grand travail, à l'appui duquel il est venu déposer ses
plans et mémoires, en demandant de suite aussi à se
mettre à l'œuvre, moyennant allocation actuelle et pro-
visoire de 80,000 francs, destinés à amener seulement
les pierres sur les lieux, et cinq à 600,000 francs qui,
certes., n'auraient pas suffi, on le prévoit de reste.
Après ces travaux, il y aurait eu des travaux encore,
et si, par hasard, puisque nous croyons l'avoir démontré, ces travaux préparatoires réussissaient mal ou ne
réussissaient pas du tout, eh bien! il y aurait consé-
quemment de bien plus grands et plus interminables
travaux encore, ce qui satisferait à peu près tout le
monde, excepté, peut-être, ceux qui les paient et ceux
qui pourraient en souffrir.

Au résumé, et ainsi que nous l'avons dit en commençant, quant aux principes ; il y aurait bien eu
aussi, quant à la nature du projet et avant toute dis-
cussion quelconque, nombre de questions préjudicielles, telles que les suivantes, à adresser à **MM.** des
ponts-et-chaussées.

Étes-vous sûrs que vos travaux une fois accomplis,
la navigation aura lieu en tous temps et avec amélioration suffisante, le tout sans dangers aucuns, ni pour
la grande navigation, ni pour la petite navigation ru-
rale et agricole, qui, elle aussi, ne doit éprouver dans
ses besoins et nécessités, ni gêne, ni embarras?

Étes-vous sûrs encore que vos digues longitudinales et transversales, submersibles et insubmersibles,
vos barrages, vos estacades et tout l'ensemble de vos
travaux, en établissant ainsi des obstacles artificiels
au cours naturel et ordinaire des eaux de la Loire, ne
produira pas dans le fleuve de rapides courants et de
dangereux brisants, également préjudiciables à la fois
et à la propriété, et à la navigation, et devant amener
d'autre part des ensablements tumultueux et des désordres imprévus, non-seulement dans votre lit mineur, mais encore dans toute l'étendue du fleuve en
général?

Y a-t-il bien, enfin, autant de possibilité, d'urgence
et d'opportunité que l'administration l'assure et le dé-
sire si naturellement, après des hivers si rigoureux
et si prolongés, pendant que les montagnes de second
et de troisième ordres sont incessamment couvertes de
neige, en présence de ces inondations universelles qui
nous circonscrivent de toutes parts, et en présence

surtout des nouvelles constitutions physiques qui , contrairement à celles qu'on semble précisément avoir prises pour bases de ces projets , tendraient par cela même, évidemment, à restituer à nos contrées , par leur nature et leur persistance, toutes les conditions et toutes les améliorations fluviales recherchées à si haut prix, et que nous obtiendrons alors sans frais et sans sacrifices aucuns, par des moyens ici tous naturels et tout gratuits. Nous nous abstiendrons même, de faire encore entrer en ligne de compte et les chemins de fer et les canaux projetés parallèlement à la Loire et sur ses propres bords.

Si sur tous ces points l'administration des ponts-et-chaussées ne pouvait pas nous répondre d'une manière catégorique et absolue, s'engageant au besoin à prendre la responsabilité tout entière des ruines et des désastres pouvant évidemment résulter de ses faits, nous dirions encore, et plus hardiment que jamais : Restons dans la situation , sinon prospère, au moins supportable et susceptible d'améliorations véritables et progressives où nous sommes aujourd'hui, plutôt que de nous lancer dans des expériences et des essais au milieu desquels tant d'intérêts précieux et plus ou moins particuliers ou généraux peuvent succomber, ou tout au moins péricliter ou souffrir , et pour maintenir cet état, consignons à l'enquête notre opposition unanime.

Le travail qui précède fut successivement publié à
Angers, par articles ou fragments, dans un journal
alors existant sous le nom de *Courrier de Maine-et-
Loire*, numéros des 16, 18 avril, 2, 4 et 8 mai 1838.
Ces articles ne firent pas d'abord grande impression,
tant sur les intéressés que sur les corps officiels chargés
ici de la défense et de la conservation des intérêts
publics et privés. Mais enfin, et à la longue, chacun
commença pourtant à réfléchir et à s'émouvoir, et tous,
des premiers, des propriétaires, fermiers et cultivateurs
riverains, ainsi que beaucoup de personnes appartenant
tout ensemble à la marine marchande, et surtout à la
navigation à vapeur, finirent par comprendre tout ce
qu'il pouvait y avoir de dangereux et de menaçant
pour leurs propriétés et pour leurs intérêts respectifs,
dans ce vaste et gigantesque système de travaux, ré-
vélés ici par des plans et devis d'un volume et d'une
étendue aussi considérables qu'effrayants. Aussi s'em-

pressèrent-ils bientôt de préparer des oppositions légales et sérieuses, à ce qu'ils considéraient à bon droit
comme pouvant porter des atteintes profondes à l'a-
griculture ainsi qu'à la navigation fluviale.

D'un autre côté, le conseil général du département
lui-même, frappé, et bien que tardivement, dans la
personne de son rapporteur, des observations et des
considérations que nous n'avions cessé de faire valoir
avec autant de persévérance que de modération, s'em-
pressa de venir aussi à résipiscence, et tout bien préparé et disposé qu'il ait pu paraître d'abord envers
M. Lemierre, ses plans et son système, il n'osa pourtant plus les adopter qu'en principe, remettant, quant
aux allocations financières dont il crut devoir faire
alors deux parts significatives et distinctes, à en voter
et à en discuter l'adoption dans la session suivante de
l'année 1839. Cette décision nous exonéra donc, tout
d'abord, de la première part contributive qu'on exigeait
ainsi de nous, pour la seule zone de travaux dont nous
venons de parler plus haut, et qui ne s'en élevait pas
moins, aux termes du devis, à la somme de 680 mille
francs, somme qui peut déjà nous faire approximer le
chiffre total de la dépense dont, jusqu'à 1839 toutefois,
notre département devait se trouver, par suite, plus
ou moins entièrement affranchi. Jusqu'à cette dernière
époque, c'était donc à nous de faire tout ce qui était
humainement possible, afin que ce que nous considérions avec raison comme une aussi déplorable que
funeste calamité, vint enfin échouer et avorter complètement, et à tout jamais.

Les choses restèrent donc à peu près en cet état,

nous disons à peu près, parce qu'en effet, et nonob-
stant, certaines applications et certains essais n'en
eurent pas moins lieu sur quelques points, et à Saumur en particulier, ainsi que nous le dirons ultérieurement. Du reste, et ainsi qu'on le verra bientôt,
nous ne restâmes pas inactifs, et chacun de nous ne
cessa d'intervenir et d'agiter afin d'obtenir, soit un
retrait entier et définitif des plans et projets en voie
d'exécution, soit tout au moins un *statu quo* d'un certain temps et durée on ne peut plus propre à faire
apprécier et connaître, du premier coup, les résultats
tels quels d'un système aussi contraire qu'incompatible
avec ceux que leur auteur en attendait.

Les événements arrivés à ce point, une circonstance
aussi inattendue que fortuite vint bientôt nous offrir à
nous, et personnellement, l'occasion de présenter et de
faire prévaloir en haut lieu, et directement près du ministre et des chambres, les si justes et si légitimes alarmes que faisaient naître, dans nos contrées, des projets
aussi insolites que désastreux. La société des bateaux
à vapeur inexplosibles, à la tête de laquelle se trouvait
alors M. de la Rochejacquelin, jugea à propos de faire
baptiser sous le nom de Papin, à Blois, patrie de cet
inventeur de la machine à vapeur, un de ses plus élé-
gants et de ses plus rapides marcheurs. Comme nous
avions proposé officiellement, quelques années avant,
à la ville susdite, l'érection d'un monument destiné à
éterniser, et à couler pour ainsi dire en bronze, le nom
de *Papin* et la notice biographique de M. Arago sur
cet illustre inventeur, nous nous trouvâmes donc tout
naturellement invité à cette fête tout à fait patriotique

et nationale ; on poussa même, à notre égard, la poli-
tesse et la courtoisie si loin, que le *Papin* lui-même
vint nous chercher et nous prendre jusque dans le port
d'Angers, avec mission expresse de nous emmener
quoiqu'il en fût, et mort ou vif (textuel.) Malgré notre
état réel de souffrance, nous ne pûmes résister à d'aussi
pressantes sollicitations, auxquelles étaient venue s'a-
jouter encore l'invitation de M. le Maire et de MM. du
conseil municipal de Blois. Ce fut donc dans un pareil
état de choses que nous partîmes d'Angers, le 27 juin,
à 7 heures du matin. Croyant devoir mettre à profit ce
si heureux et si intéressant voyage, nous ne cessâmes,
à l'aide des hommes les plus compétents et les plus
spéciaux sur la matière, d'interroger, dans tout le
cours de ce trajet si pittoresque et si ravissant, le véritable état du fleuve et de ses rives. C'est ainsi qu'en
arrivant en amont du pont de Saumur, nous trouvâmes,
et ce en beaucoup d'endroits, coupées ou détruites,
ces fameuses digues longitudinales qui au lieu de maintenir et de porter les eaux dans cet autre fameux lit
mineur destiné à favoriser la navigation en tout temps,
les avaient, au contraire, amoncelées et refoulées sur
les deux rives, ne lui laissant, *à lui*, que les sables et
les grèves qui l'obstruaient et l'engorgeaient à l'envi.
Ce sont ces résultats tristes et néfastes que l'administration locale avait cru devoir pallier et conjurer ainsi,
et autant que possible. *A la hauteur de la Chapelle-
Blanche et de Chouzé*, des centaines de travailleurs ne
commençaient encore qu'à établir leurs digues tout
au beau milieu du fleuve. A Tours les choses étaient
beaucoup plus graves, et sur une beaucoup plus grande

échelle; là, *l'administration supérieure avait cru devoir,
ainsi qu'à Saumur, faire détruire et ouvrir les digues
pour livrer passage et faciliter la navigation* d'une flotte
considérable de bateaux chargés, et autres, qui s'em-
barrassaient et *s'atterrissaient ainsi, et mutuellement,
au milieu de ces amoncellements tumultueux et multipliés
de sables et de pierres ;* autant fûmes-nous appelés à en
voir, par la suite, à Meung et à Orléans, où nous dé-
barquâmes plus tard.

Mais revenons à Blois, but et objet de notre voyage.
Nous ne raconterons pas ici toutes les nobles et tou-
chantes péripéties de la fête que la ville de Blois crut
devoir provoquer, et qu'elle considérait, à bon droit,
comme le prélude de la grande fête historique et nationale, dont l'érection de la statue de Denis Papin
devait être la réhabilitation incontestable. Nous ne
croyons pas, non plus, devoir rappeler en ce lieu les
honneurs et les préséances dont nous fûmes personnellement l'objet, toutes choses que nous croyons tout
naturellement devoir rapporter, et au précédent dont
nous venons de parler, et à la délégation à nous confiée
par la Société d'Agriculture, Sciences et Arts d'Angers,
conviée, ainsi que toutes les autres sociétés riveraines,
à cette grave et intéressante solennité. Du reste, ce
fut là que la souscription au monument de Papin fut
aussi ouverte, et sa direction confiée à une commission
dont nous eûmes l'honneur de faire partie, commission
chargée d'en poursuivre la réalisation aussi promptement que possible. M. l'amiral Duperré, ministre de
la marine, et l'un des grands propriétaires du département, nous promit, lors de notre séjour à Paris,

d'obtenir à ce sujet, et le concours, et la coopération
du gouvernement. Et nous le dirons ici avec justice,
ce n'est pas son éminente et patriotique intervention
qui nous ont manqué par la suite.

Enfin, et toujours à Blois, où nous eûmes tant de
fois l'occasion de parler et de traiter du sujet qui nous
préoccupait si vivement, nous eûmes de plus l'avantage
de trouver un auxiliaire, aussi éclairé que puissant,
dans la personne de M. de Lezai-Marnésia, pair de
France et préfet du département de Loir-et-Cher, qui
nous promit aide et protection, soit dans les chambres,
soit ailleurs, en ajoutant que, pour sa part, il s'était
opposé de tout son pouvoir à toutes espèces d'essais
ou de tentatives semblables à celles dont il était cas,
et que, dût-il se mettre lui-même en travers du fleuve,
il ne serait pas touché à son département tant qu'il
aurait l'honneur de présider à son administration.

Vu notre état de souffrance, nous croyions notre
mission terminée à Blois, mais dans l'intérêt de la
question fluviale dont il s'agissait, on nous fit comprendre, avec raison, toute l'urgence et toute l'opportunité qu'il y avait pour nous, et pour le pays, à éclairer
la religion et la conscience du gouvernement, sur des
faits aussi graves et aussi sérieux que ceux que nous
venions d'ailleurs de juger et d'apprécier par nos propres yeux. Puis poussant enfin l'obligeance et l'urbanité
jusqu'au dernier point, M. de la Rochejacquelin et
les autres membres du conseil présents, nous propo-
sèrent encore leur douce et commode voiture à vapeur
jusqu'au port d'Orléans, nous promettant, en outre,
qu'une fois à Paris ils ne manqueraient pas de joindre
leurs efforts aux nôtres.

C'est ainsi que nous fûmes, sans aucune intention ni préméditation quelconques, conduits et pour ainsi dire poussés jusqu'à Paris, où, à peine arrivés, nous nous rendîmes au ministère, que nous abordâmes dans la personne de M. Legrand, sous-secrétaire d'état, chargé alors de la direction générale des travaux publics. Grand fut l'étonnement de ce fonctionnaire quand nous lui dîmes que les travaux qu'il avait, dit-il, donné l'ordre d'arrêter et de suspendre, d'après les réclamations qui lui en avaient été faites, n'en continuaient pas moins, et sur plusieurs points occupant des ouvriers par centaines. Sur sa demande, et séance tenante, nous lui fîmes un exposé succinct et rapide de l'état actuel de la question, dont il promit de s'occuper aussitôt, et sérieusement, non sans avoir toutefois, et sévèrement, blâmé l'indifférence et l'inertie des citoyens, quand il s'agit d'apporter le tribut de leurs opinions ou de leurs lumières aux procès-verbaux d'enquête concernant des travaux où l'intérêt public et les intérêts privés se trouvent, ainsi qu'en ce lieu, si éminemment engagés. A défaut de ce concours, et avec les meilleures intentions, le gouvernement est le plus souvent exposé à se trouver induit en erreur, et désarmé. Les mêmes démarches furent ultérieurement faites, ainsi qu'ils nous l'avaient promis, par MM les administrateurs de la navigation à vapeur, puis, enfin, par les principaux chefs de notre marine marchande.

M Derrien ancien ingénieur en chef de notre département, et membre alors du conseil général des ponts et chaussées, que nous eûmes l'honneur de voir et d'intéresser, tout bien disposé qu'il fût déjà en notre

faveur, nous vint aussi puissamment en aide, et prit
d'ailleurs et d'autant plus chaudement en main notre
cause qu'il avait lui-même traité et pratiqué la question de la manière dont on la traite et dont on la comprend depuis des siècles, pour la meilleure conservation et le plus grand bien de nos intérêts agricoles
et fluviaux de toutes sortes et natures, système qui
n'a manqué ou failli, que parce qu'on a *négligé ou
laissé tomber parfois en désuétude quelques-unes des
principales parties qui le constituent.* Par suite de tous
ces efforts réunis, *non seulement les projets et travaux
de M. Lemierre furent arrêtés et suspendus immédiatement, mais encore ils ont été et ils furent par la suite
plus ou moins abandonnés ou proscrits.*

Cet historique nous a paru aussi intéressant qu'indispensable, pour bien faire connaître et comprendre
quelle est la mission de tous et de chacun dans les
intérêts et dans les questions de cette nature. Et pourtant cet exemple n'a pas été mis à profit, ainsi que
nous l'avons en vain proposé, lorsqu'il s'est agi du
passage du chemin de fer dans notre cité par la partie
nord ou par la partie sud. Du reste, et nous croyons
devoir le dire sans vanité comme sans fausse mo-
destie, c'est grâce à notre vigilance et à notre sollicitude que l'on doit l'abandon d'un système général de
prétendue amélioration fluviale, qui ne tendait à rien
moins, selon nous, *qu'à combler et à détruire, et ce en
peu d'années, l'un des fleuves les plus beaux, les plus
riches et les plus féconds du monde, en entraînant tout à
la fois dans sa ruine celle de l'agriculture riveraine et de
la navigation tout entière.*

Le mémoire de M. l'ingénieur en chef Derrien, imprimé dans ceux de la société d'agriculture, sciences et arts d'Angers, est du mois de mai 1834, voici quelles en étaient les conclusions :

« Pour améliorer dans le lit même du fleuve la na-
» vigation de la Loire, il faudrait défendre, par des
» plantations et des enrochements, les bords et les
» rives de ces îles. C'est en les dévorant, c'est en
» transportant çà et là les terres qui les composent,
» que la Loire fait varier sans cesse son propre lit,
» que la moindre crue de ses eaux en modifie la forme
» et la direction, et que le chenal de la veille n'est
» plus le même que celui du lendemain. Encouragez
» les plantations sur les rives du fleuve suivant des
» alignements déterminés, venez au secours des pro-
» priétaires qui voudraient rétrécir par des planta-
» tions, des enrochements, etc., son lit trop étendu,
» et vous obtiendrez dans un délai assez court un
» bon résultat à peu de frais. »

Dans le cours de la même année 1834 et dans les mémoires de la même société, M. de Beauregard communiqua à son tour un travail sur le même sujet dans lequel il traite : 1º des droits et obligations des riverains ; 2º des considérations générales sur l'action érosive des eaux ; 3º sur le mode de planter soit pour défendre le rivage, soit pour acquérir des attérissements.

Enfin, dans un admirable et important travail intitulé : Des travaux publics considérés surtout et particulièrement au point de vue des intérêts de notre Anjou, M. Bineau, de si regrettable et patriotique mémoire, alors ingénieur en chef et notre représentant, et depuis l'un des ministres et l'un des principaux agents du gouvernement actuel, s'exprimait ainsi avec cette clarté, cette lucidité, et cette sobriété d'expression, d'une précision pour ainsi dire mathématique, dans un article intitulé : Améliorations de la navigation de la Loire; après avoir considéré comme étant encore et seulement à l'état d'expérience, tout ce qui avait pu être fait ou tenté jusqu'à ce jour, voici ce qu'il croit devoir ajouter : « Dans cet état de choses, et vu *l'incertitude de l'efficacité des digues submersibles, ce qui est conseillé par les ingénieurs les plus distingués du corps des ponts et chaussées et ce qui paraît être l'avis de l'administration, consisterait* à borner les travaux en lit de rivière : 1° à la défense des rives, au moyen de plantations et de revêtements en pierres; 2° à l'attérissement ou à la fermeture par des digues submersibles d'un grand nombre de bras secondaires; 3° enfin à l'exécution d'un système régulier et permanent de draguages. »

Né, pour ainsi dire, ou tout au moins élevé pendant les plus belles et pendant les plus heureuses années de notre jeunesse, sur les rives mêmes de ce beau fleuve de Loire, aux bords et au milieu duquel nous avions des propriétés assez importantes, entre autres l'une des îles les plus fertiles et les plus pittoresques du bas Anjou, l'île du petit port Girault, qui appartient encore à notre famille; nous avons cru devoir payer ainsi à notre pays natal un dernier tribut de souvenir et de reconnaissance, que de pieux exemples, et la tradition paternelle nous y avaient également inculqués et légués depuis longtemps. Notre père comme maire de la ville et président du canton de Chalonnes, les a ainsi administrés jusqu'en 1814. Notre grand-père maternel, avec une sollicitude aussi active que désintéressée, est allé jusqu'à Brest chercher et ramener nos îlais et riverains agriculteurs, pères de familles et autres, qu'une fausse et déplorable interprétation de la loi sur le service maritime, avait fait assimiler à tort aux marins de profession, classés ou patentés, par la raison que les bateaux ou futreaux dont ils étaient obligés de se servir alors pour leurs communications et le transport de leurs denrées, les rendaient par cela même aptes et propres à la marine; M. Vial père étant parvenu à faire prévaloir ce principe que les futreaux de nos laboureurs îlais et riverains, n'étant autre chose que la charrette du métayer, fait aussi vrai que juste et incontestable, à partir de ce moment tous nos valléiais ont été affranchis du service si long et si pénible de la mer et sommis au seul droit commun en matière de recrutement. C'est du bénéfice de cette mesure dont tous nos cultivateurs riverains jouissent encore en ce moment; si par la suite on venait à le leur disputer de nouveau, on sait maintenant par quels moyens on pourra toujours ainsi, et les en affranchir et les en relever.

DES INONDATIONS EN FRANCE

DE

LEURS CAUSES ET DE LEURS REMÈDES.

Deux ordres de phénomènes, marchant en sens inverse de ce qui devrait être, tendent évidemment à produire et à multiplier aujourd'hui en France, dans tous nos fleuves et rivières sans exception, et surtout, et particulièrement, dans notre si beau et si capricieux fleuve de Loire, des inondations et des désastres incessamment, et de plus en plus considérables et renaissants, contre lesquels toutes les ressources de la nature et de l'art auront beaucoup de peine à lutter et à triompher peut-être, si l'on ne s'empresse de procéder partout, en prenant les choses à *priori* et *ab ovo*,

4.

sans en dédaigner ni en négliger aucunes. Car si jamais proverbe, les petits ruisseaux font les grandes rivières, tout trivial et tout ancien qu'il soit, fut applicable et vrai, c'est assurément en ce lieu ; diminuons donc ou divisons les petits ruisseaux, si nous voulons diminuer les grandes rivières.

Les deux phénomènes en question sont : l'exhaussement continu et incontestable du lit ou des bas fonds de tous nos fleuves et rivières sans exception, dont d'imprudentes et téméraires manœuvres ont, ainsi que nous venons de le dire, hâté et provoqué souvent d'innombrables et fâcheux attérissements. Tandis que, d'un autre côté, après avoir donné à des surfaces de réceptions pluviales une étendue jusqu'ici sans exemple, on a de plus ajouté à ce nouveau danger des pentes et des inclinaisons accompagnées de petits fossés ou rigoles d'écoulement de plus en plus superficiels et réduits, qui, dans un temps donné, recueillant et conduisant ainsi, avec une rapidité et une simultanéité dont on pourrait aisément calculer et l'espace et la durée, toutes les eaux qu'ils sont appelés à recevoir, viennent les verser de la sorte, et pour ainsi dire à la fois et tout ensemble, dans tous les fleuves et rivières chargés de les conduire à la mer.

Pour bien faire comprendre tous les vices et dangers inhérents à ces immenses surfaces de réceptions et d'écoulement général des eaux pluviales et torrentielles, posons ici quelques calculs et quelques chiffres à l'appui. Supposons, par exemple, chose aussi probable que possible, une constitution physique pouvant nous amener des pluies de saisons universelles

et continues, et calculez, en présence de l'immense
réseau de routes de toutes sortes et grandeurs qui
couvrent et qui sillonnent aujourd'hui la France, la
quantité et le volume d'eaux qui doivent en résulter,
soit sur un point donné, soit sur toute l'étendue de
l'empire? Pour rendre cet exemple plus frappant et
plus sensible encore, prenons-le sous nos yeux même;
nous avons, en effet, dans le département de Maine-
et-Loire que nous habitons, une étendue en longueur
de 1,200 mille mètres, et plus, de routes impériales,
départementales et stratégiques construites, bombées
et entretenues conformément aux lois et ordonnances,
portant de chaque côté, à gauche et à droite, de petits
fossés ou rigoles d'écoulement, ayant leurs pentes indiquées ou réglées, fossés dont la largeur moyenne
est de 50 centimètres au plus, avec une profondeur
infundibuliforme à peu près égale. Eh bien ! supposons encore ici que, comme à Montpellier, par exemple,
il soit tombé chez nous, depuis le commencement de
l'année, 886 millimètres d'eau, ou pour plus grande
simplicité, supposons plutôt que dans les journées du
29 et du 30 mai, il nous en soit tombé, ainsi que dans
cette dernière ville, 102 millimètres seulement, dites
nous alors, après avoir multiplié la longueur et la largeur moyenne des routes en question, par la quantité
d'eau tombée, de combien nos rivières et le fleuve de
Loire qui les reçoit, se fussent à leur tour, et de leur
côté, élevées et gonflées sous l'empire de cette seule
et unique cause, à laquelle on a imprimé, ainsi que
nous venons de le dire, un mouvement de masse et

de vitesse dont on doit avoir, il nous semble, fortement
à se préoccuper?

D'après ces considérations, nous croyons que ce que
l'on a si ingénieusement proposé pour l'aménagement
et la direction des eaux de sources, torrentielles ou
neigeuses, des montagnes ou rivières où nos fleuves
prennent naissance, on peut, avec non moins de raison
aussi, le faire et le pratiquer, d'après les conditions
qu'on leur a faites, pour nos petites montagnes, élévations et plateaux, d'où les eaux pluviales et autres
descendent dans nos divers bassins, ruisseaux, fleuves
et rivières. Il faut donc, et le plus promptement possible, aménager et diviser ces eaux avec autant d'habileté que de prévoyance. L'agriculture, et la sylviculture
en particulier, y sont d'ailleurs aussi intéressées que
l'économie publique et générale. Il est incontestable
et certain aujourd'hui, pour tout esprit observateur et
pratique, que la souffrance et l'infertilité de plus en
plus croissantes du sol au point de vue de toutes nos
cultures sans exception, tiennent surtout, et particulièrement, à la masse d'eaux pluviales et superficielles
dont on déshérite et dont on prive immédiatement la
terre, avant qu'elle ait pu en recueillir et s'en appro-
prier ce qui lui est aussi nécessaire qu'indispensable
pour les bons résultats de cette chimie occulte et in-
testine dont nous ignorons, et dont nous ignorerons
longtemps encore, et les divins secrets et le méca-
nisme ingénieux.

Ces préliminaires, ainsi entendus et posés, nous
allons commencer par ce que nous croyons être les
premiers termes et les premiers éléments de la question.

I.

Les reboisements à nouveau et sur une grande échelle, ou tout au moins la conservation des forêts existantes sur les montagnes, plateaux et versants, ainsi que partout où ils pourraient sembler utiles et nécessaires.

Cette question des reboisements se rattache plus ou moins intimement à toutes les grandes questions d'hydrologie, de météorologie, et de salubrité publique, ainsi qu'aux problèmes les plus importants et les plus graves d'économie générale et agricole. Quand nous voyons en effet comment sous ce rapport, et dans les temps passés, se trouvaient établis et constitués tous ces nombreux bassins, protégés et défendus par les immenses et profondes forêts qui les entouraient et les circonscrivaient de toutes parts, nous nous rendons parfaitement compte de l'intelligente et prévoyante sagesse qui avait, aussi bien qu'il est humainement possible de le faire, tiré parti du sol existant, ou qui avait su le transformer successivement, et par suite, de manière à donner aux temps et aux saisons, aujourd'hui si incertains et si mobiles, une fixité et une périodicité sur lesquelles on pouvait compter, sinon d'une manière absolue, tout au moins d'une façon tellement relative, qu'il était facile alors d'en prévoir et d'en déduire les évolutions et les climats. La production des pluies, la division et la dérivation des eaux superficielles et profondes, la protection contre l'invasion de certains fléaux atmosphériques et autres, une meilleure répartition de l'électricité, l'air tout à la fois épuré et vivifié par la production d'une grande masse d'oxigène, et, par suite, par une beaucoup plus grande absorption de ce gaz acide carbonique, préjudiciable et délétère, qui nous assiége et qui nous envahit de plus en plus, tandis que l'oxigène au contraire, autrement dit l'air vital, au dépend duquel il se forme, s'en va, lui, s'appauvrissant et diminuant de plus en plus aussi; telles sont, en résumé, les conséquences plus ou moins immédiates et flagrantes, de la nécessité des reboisements et des dangers de plus en plus croissants de la diminution ou de la destruction *des bois et foréts.*

Pour prouver et développer des vérités aussi palpables qu'incontestables, il nous faudrait ici un espace et un temps qui nous manquent également. Nous ne croyons donc pouvoir mieux faire, à ce sujet, que de renvoyer aux ouvrages publiés par les météorologistes et par les géologues les plus éminents et les plus distingués, sur lesquels nous avons cru devoir appuyer des opinions et des idées plus ou moins identiques, et plus ou moins analogues.

II.

L'aménagement et la direction des eaux de sources, torrentielles et neigeuses, qui donnent naissance à la plupart de nos fleuves et rivières.

Nous ne croyons pouvoir mieux faire, afin d'indiquer les sortes ou natures de travaux qui peuvent être entrepris et tentés au point de vue de la question ainsi posée, que de reproduire la note suivante de M. le commandant Rozet, qui pense qu'on peut, avec un grand avantage, appliquer à nos fleuves et rivières l'aménagement et la retenue de leurs eaux supérieures, ainsi qu'il l'a appliqué lui-même avec succès dans les Alpes Dauphinoises, en 1843, ainsi qu'en 1851 et 1852 dans les hautes et basses Alpes ; renvoyant pour plus ample informé, au mémoire publié par M. Rozet lui-même, sous ce titre : *Moyens de forcer les torrents des Alpes à rendre à l'agriculture une grande partie du sol qu'ils ravagent aujourd'hui.* Du reste, voici les propres paroles de l'auteur sur nos inondations actuelles :

« Les fleuves et les grandes rivières, dit M. le com-
» mandant Rozet, la Seine, la Loire, le Rhône, la
» Saône, l'Isère, etc., dont les inondations viennent
» de dévaster les villes qu'ils traversent, partent des
» montagnes où ils ont leurs sources dans des cirques
» fort étendus; ils ont souvent plus de deux lieues de
» circuit dans les Alpes. Il en est de même des prin-
» cipaux affluents, de ces cours d'eaux qui reçoivent,
» les uns et les autres, un grand nombre de cours se-
» condaires pendant leur trajet dans les montagnes.
» L'eau qui, pendant un orage, tombe sur la surface
» de tout le bassin de réception, vient se réunir dans
» le cirque d'où sort chaque cours d'eau, sur le fond
» duquel elle s'accumule jusqu'à une hauteur propor-
» tionnelle à la quantité d'eau tombée, et en raison
» inverse de la largeur de la gorge qui fait commu-

» niquer le cirque avec la vallée. Cette eau, frottant
» à la partie inférieure sur le terrain et les obstacles
» de pierres au fond du cirque, dont elle entraîne une
» partie, donne dans le bas avec une vitesse beaucoup
» moindre que dans le haut, en sorte que la masse
» sort du cirque, en tombant sur elle-même, comme
» une avalanche de neige, et dans un temps d'autant
» plus court que la pluie est plus abondante. Le
» même effet, se produisant dans chaque cirque des
» affluents d'une rivière, y apporte une quantité d'eau
» qui en élève subitement le niveau de plusieurs mètres
» dans les montagnes, et la force à déborder sur les
» rives.

» Il est clair que les digues criblantes que nous
» proposons d'établir dans la gorge de chaque cirque,
» précipitant une partie des roches, des escarpements
» dans cette gorge, ainsi que dans celles des étran-
» glements des vallées, aurait pour premier résultat
» de retarder considérablement l'écoulement des eaux,
» qui seraient obligées de se diviser en petites parties
» pour passer à travers les interstices que les blocs
» de roches, ou les digues criblantes, laissent entre
» eux, et de s'élever verticalement pour passer par-
» dessus quand il en arrive trop et que ces digues
» empêcheraient ainsi l'irruption subite des eaux dans
» le lit du fleuve et, par suite, les inondations On
» peut arriver, grâce aux travaux que nous proposons
» d'exécuter, à faire que l'eau, qui s'écoule mainte-
» nant d'un bassin de réception *dans une heure, mette*
» *dix heures à produire cet effet.* Il en résultera évi-
» demment que son élévation dans le lit ne sera plus

» que le *dixième* de ce qu'elle est dans l'ordre actuel
» des choses. Ainsi, une crue qui est maintenant de
» *cinq mètres* , sera réduite à *cinq décimètres*. On par-
» viendrait donc , par l'emploi des moyens que nous
» proposons, à empêcher les grandes inondations qui
» dévastent tous les ans tant de contrées.

» Maintenant que nous allons jouir des bienfaits de
» la paix, il serait à désirer que le gouvernement em-
» ployât une partie de l'armée à ces travaux dans les
» montagnes où nos fleuves et nos grandes rivières
» prennent leur source. »

Pour rendre cette notice encore plus intelligible au
lecteur, nous avons cru devoir donner la définition de
quelques nouveaux termes dont M. Rozet se sert pour
désigner et définir les diverses parties dont son système
se compose : l'ensemble de toutes les surfaces qui
versent leurs eaux dans un cirque, il l'appelle *bassin de*
réception ; on appelle *canal de réception* celui du fond
du cirque dans lequel viennent se réunir les eaux et
les pierres ;

Lit de déjection, un espace plus ou moins étendu au
sortir de la gorge du cirque, sur lequel le torrent
dépose en éventail une partie des matériaux qu'il
charrie ;

Enfin le *lit d'écoulement*, l'espace compris entre la
fin du lit de déjection et la rivière.

Sur chaque côté d'une rivière un peu considérable
il existe un certain nombre de torrents présentant chacun toutes ces parties.

III

Si, comme vient de le dire M. le commandant Rozet, sur chaque côté d'une rivière un peu considérable, il existe un certain nombre de torrents plus ou moins semblables à ceux qu'il vient de nous décrire, il est évident et clair que, s'il s'en trouve ainsi dans notre pays, nous avons dès-lors à leur appliquer aujourd'hui les moyens aussi judicieux qu'éprouvés des enrochements et des digues criblantes. Mais il ne faut pourtant pas se dissimuler ici, que c'est surtout en général et au point de départ et d'origine de nos eaux pluviales et autres, que nos surfaces de réceptions diffèrent surtout des bassins de réception, si profonds. si ravinés, si étranglés, et si torrentueux des pays de hautes et grandes montagnes, qui, là, s'alimentent des eaux de sources, des eaux pluviales ou neigeuses dont les énormes accumulations viennent si souvent et tout ensemble tout entraîner et tout détruire sur leur passage. Chez nous, au contraire, les grandes surfaces de réception sont *nos champs, nos terres et nos routes surtout,* entendues et constituées sous ce rapport au point de vue, beaucoup plus exclusif que prudent, de l'écoulement et de la conduite des eaux avec la plus grande facilité et la plus grande rapidité possible. Tout au rebours de ce que faisaient en commun, et ce avec beaucoup plus de sagesse et de prévoyance que de nos jours, l'administration et la propriété des anciens temps. Les routes et les chemins

étaient alors défendus et bordés par des fossés larges
et profonds qui partout où l'on en entretenait parfaitement les inclinaisons et les pentes, répondaient alors à
leur double destination de dérivation et de retenue ;
puis, plus tard, et selon le besoin de réservoirs d'irri-
gation et d'épuisement, que l'on avait ainsi toujours
et partout sous la main, attendu que la plus grande
partie des propriétés séparées alors et divisées en pièces
et champs distincts, étaient également entourés de
haies et de fossés d'une dimension conforme aux lois
et coutumes du pays, mais qui, en général et au terme
de la coutume d'Anjou, ne pouvaient guère être moindre
de deux mètres de largeur, sur une profondeur d'environ 1^m 50 à 80^c allant graduellement en diminuant
vers leur fond.

Sous l'influence d'un aménagement des eaux pluviales aussi bien réglé qu'entendu (auquel nous aurions pu ajouter encore l'immense volume et l'immense
étendue d'eau retenue et aménagée d'autre part dans
des étangs, dans des abreuvoirs, dans des doits, viviers
et mares de toutes sortes et natures), c'était plaisir
à voir que la végétation et la production vigoureuses
et luxuriantes de toutes ces haies et plantations d'arbres champêtres, fruitiers et autres, ainsi que celle
des récoltes qu'ils défendaient ainsi contre une foule
de fléaux et d'intempéries qui les atteignent si facilement et si impunément de nos jours. Ces arbres gigantesques et séculaires qu'on abat et qu'on détruit si
légèrement aujourd'hui, il n'y a pourtant plus moyen
de les remplacer ou d'en replanter avec succès ; au
bout de quelques sèves tout meurt et tout languit. La

stérilité même dont nos champs sont plus ou moins et
successivement frappés, quelles que soient les sortes et
natures de cultures qui s'y remplacent , et jusqu'à
la vigne elle-même, tout cela tient à un état de souffrance, à une dépravation ainsi qu'à un épuisement
incontestable de la terre, qu'on semble priver comme
à plaisir des premières et des plus abondantes rosées
du ciel, sans lui laisser même les moyens de pouvoir
savourer plus tard, lentement et à loisir, et ces effluves
chaudes et humides de l'atmosphère ambiante, et ces
aspirations bienfaisantes et profondes qui n'en cessent
pas moins de sourdre et de circuler dans son sein et
quoi qu'on fasse. Le tout pourquoi faire? pour aller
sans doute simultanément et comme à l'envi alimenter ces petits ruisseaux , ces torrents , ces rivières,
petites et grandes, et ces fleuves enfin au milieu desquels ils viennent provoquer ainsi ces grandes et
terribles inondations qui traînent à leur suite tant de
désastres et de misères.

Du reste, et pour en revenir ici au principe qui a
présidé au système de M. Rozet, aménager, diviser et
retenir les eaux un temps assez long pour en empêcher
l'accumulation plus ou moins immédiate et simultanée,
nous dirons qu'à ce double et triple point de vue, nous
pourrions aussi en réclamer l'application en demandant de notre côté :

1° Que les petits fossés ou rigoles, qui bordent et
cotoyent nos grandes et principales routes locales,
soient au plus tôt transformés en fossés larges et profonds de 2 mètres de largeur environ sur 1^{m}50 de
profondeur, dirigés d'après des inclinaisons et pentes

d'écoulement destinées à ne conduire et transporter à la fois qu'une partie des eaux qu'ils contiennent, en agissant toutefois et de manière que ces eaux ne puissent en aucun cas, ni se répandre, ni se dégorger à la surface, ni au niveau des routes, pas plus qu'à la surface et au niveau des propriétés voisines et contiguës.

2° Forcer par des lois et règlements sur la matière, ce qu'on peut d'autre part exiger immédiatement chez nous, conformément aux titres de propriété et baux existants, tous les propriétaires et fermiers, partout où cela était ou peut être pratiqué, d'ouvrir et d'entretenir des fossés en tous points conformes aux exemples et aux modèles fournis par l'État.

3° Charger les gardes champêtres et les cantonniers de la surveillance et de l'exécution stricte et rigoureuse des mesures en question, et enfin en rendre la négligence et l'inobservation passibles d'amendes et de pénalités légales.

IV.

Ce que nous venons de dire des inconvénients et des dangers de l'aménagement et de la direction de nos eaux superficielles et routières, nous le dirons bien mieux et à bien plus forte raison encore, des eaux souterraines et profondes aménagées et dirigées aussi au moyen du drainage d'une manière aussi immédiate que continue : Ce n'est donc point à tort qu'au point de vue des inondations, quelques esprits aussi prévoyants qu'éclairés se sont empressés d'en témoigner leurs alarmes. Du reste comme chacun ainsi que nous, nous aimons du moins à l'espérer, reconnaîtra bientôt, Dieu merci, que le drainage ne peut être d'aucune application utile dans l'immense majorité de nos terres arables, de sorte qu'au lieu d'être la règle il est bien véritablement l'exception, on s'empressera de reculer devant des mesures aussi exclusives qu'absolues, qui viendraient se heurter d'ailleurs à des difficultés si multipliées et si insurmontables, que la dot princière qu'on lui destine y pourrait suffire à grande peine ; nous croyons donc encore devoir le répéter : on doit renoncer, et l'on renoncera sans aucun doute, à un système aussi aventureux qu'incertain, en présence des grandes questions d'économie et de travaux publics qui vont nécessiter des dépenses et des crédits bien autrement impérieux et bien autrement pressants.

V.

Ouvrir partout où besoin sera de larges et grandes voies en se conformant autant que possible au lit propre du fleuve ainsi qu'au cours paisible et naturel de de ses eaux, sans jamais chercher à les contrarier, à les entraver, ou à les dévier sans utilité ou sans raison plausibles. Conformément à ces principes, faire ouvrir d'abord des arches supplémentaires et nouvelles partout ou la construction et l'établissement de ponts suspendus ou autres, ont forcé de pratiquer des digues ou barrages qui ont nécessairement dû diminuer d'autant ses dimensions et son étendue habituelles. Opérer de la sorte et principalement aux embouchures des rivières et canaux d'écoulement, cherchant à leur donner tout à la fois et plus de pentes et plus de largeur qu'elles n'en ont d'ordinaire.

Rechercher enfin et dans le même but si une foule de levées de second et troisième ordres entreprises ou pratiquées depuis quelques années pour protéger et sauvegarder telles ou telles parties de nos vallées, appelées à subir jusqu'alors les crues et les inondations passées, n'ont pas précisément été contre les intentions de leurs propres auteurs, en leur faisant courir des dangers bien autrement graves et irréparables que ceux de ces crues habituelles et normales qui chaque année venaient déposer sur leurs bords un limon épais et fécondant auquel elles devaient alors leur abondance et leur fertilité. Il s'agit donc de voir dans l'un ou l'autre cas si l'on doit ou non ou consolider ou maintenir les travaux en question, ou bien les supprimer plus ou moins entièrement en se bornant à la conservation et à l'entretien de nos grandes et principales levées actuelles.

VI.

Elever et renforcer partout ou besoin est, c'est-à-dire, presque sur toute leur ligne, nos grandes digues ou levées longitudinales et continues, de manière à ce qu'elles puissent se trouver d'un mètre au moins au-dessus des plus grandes eaux probables ou connues, et dans l'emploi des terres et matériaux, ne choisir pour les couches superficielles et immergées surtout, que des matériaux ou corps insolubles et imperméables : ce qu'on pourrait obtenir aisément au moyen de perrages ou d'enduits hydrofuges. Avoir enfin de distance en distance, sur les points reconnus par la science, la tradition et l'histoire comme les plus vulnérables et les plus menacés, une réserve spéciale et suffisante en matériaux, ustensiles et matériels de toutes sortes indiqués comme aussi utiles qu'indispensables pour parer aux premiers sinistres, ainsi qu'aux premiers désastres qui se présentent.

VII.

Au point de vue de la consolidation et de la résistance des levées en question, il nous semble aussi urgent qu'indispensable de procéder au plus tôt au repavage de toutes les grandes levées qui bordent et qui cotoyent la Loire. Lors des déplorables et imprudentes mesures qui ordonnèrent de substituer partout le macadam au pavé nous fîmes valoir à cette époque des considérations importantes et graves, qui n'eurent malheureusement pas tout le succès que nous en attendions. Nous croyons devoir les reproduire ici en partie, parce que nous les considérons encore comme un des

principaux éléments de conservation et de sécurité
publique. Quant à ceux qui pourraient conserver quelques doutes et quelques incertitudes à ce sujet, nous
les invitons à étudier sérieusement le problème suivant :   1° Combien entre-t-il de pavé en poids ainsi
qu'en nombre dans un mètre courant d'ouvrage sur
une chaussée de 6 à 7 mètre de largeur? Combien par
conséquent en poids ainsi qu'en nombre dans un kilo-
mètre? Combien en somme et par exemple d'Angers à
Tours ou à Orléans distants de 80 à 240 kilomètres de
cette première ville? Quel est le poids total dont se
trouve ainsi chargée et exhaussée toute la ligne de
parcours d'une pareille levée ?

Le système de pavage en dos d'âne ou bombé, avec
des échantillons ou appareils cunéiformes de 15 à 20
centimèt. enchâssés et comme encadrés, leur base en
haut et leur sommet en bas présentant comme une
sorte d'imbrication immédiate et continue, et pour ainsi
dire tout d'une pièce, agissant et résistant ainsi à la
manière des voutes qui plus on les presse de haut en
bas plus elles résistent, n'avait-il pas aussi de grands
et précieux avantages auxquels on n'a pas trop ré-
fléchi en supprimant le pavage au profit du macadam,
qui, lui, au contraire, offre tous les dangers qu'il fallait
avant tout chercher à éviter ici? Notre premier mode
de construction était d'autre part on ne peut plus propre
à favoriser l'aménagement et l'écoulement immédiat
des eaux pluviales et autres dont les infiltrations sont
devenues aujourd'hui aussi flagrantes qu'incontestables,
préparant ainsi au lieu d'y résister, les empâtements et
la dissolution des différentes terres dont se compose

5.

nos digues, phénomènes qui de la sorte ont lieu tout à la fois aujourd'hui par en haut et par en bas? Enfin, et au point de vue des réserves et des défenses aussi naturelles qu'immédiates, chacun sait aussi bien que nous avec quelle facilité et quelle rapidité d'exécution les populations riveraines se portaient sur les points menacés, et formaient avec les pavés successivement enlevés de côtés et d'autres ces énormes et formidables barricades qui ont tant de fois sauvé des inondations et des ruptures des villes, des bourgs et des contrées entières. Toutes les choses que l'on avait ainsi sous la main et sur toute la ligne on est obligé de les demander ou plutôt de les arracher aujourd'hui, et coûte que coûte, à toutes les propriétés sans distinction que chacun trouve à sa portée.

En résumé, attendu que comme moyen de résistance et de conservation aussi sûr qu'efficace, par le poids ainsi que par la forme et l'élévation, le pavage nous semble réunir et présenter sous divers rapports tous les avantages connus et possibles, nous redemandons donc avec instance le repavage aussi prompt qu'immédiat de toutes nos grandes et anciennes levées.

VIII.

Bien que ne se rattachant pas directement aux travaux d'art et de défense du fleuve proprement dit, il n'en existe pas moins une foule d'autres moyens ou procédés que nous pourrions appeler intra fluviaux, de conservation et d'entretien qu'il importe avant tout de maintenir et de réglementer, ce sont ceux qui se rapportent aux îles, îlots et terrains divers existant au milieu et en travers même du lit de la Loire et par conséquent en dedans des travaux de défense et d'endiguement latéraux. Ce sont ces terrains dont les érosions et les éboulements incessants et successifs concourent surtout à exhausser et à combler de plus en plus les eaux du fleuve qui les attaquent et qui les minent, ce sont donc ces terrains dont il s'agit de maintenir et de consolider les chantiers, ce que l'on fait et ce que l'on pratique de temps immémorial au moyen de plantations vives de luisettes ou saules de diverses espèces, de virrées de branches chargées de sables et d'empierrements, de batteries de pieux et de palissages ou clayonnages partout où ces plantations ne peuvent avoir lieu, le tout devant s'appuyer sur une certaine étendue de terrain qui doit *toujours être et demeurer gazonnée*. Quant aux terrains d'alluvions nouveaux et plus ou moins sableux, ils doivent être plantés longtemps avant d'être livrés à l'agriculture, et exclusivement de luisettes rapprochées et pressées, entremêlées de distance en distance de certaines essences de bois blanc en léards et peupliers à haute tige, ce sont ces dernières plantations dont la vente peut être faite tous les douze ou quinze ans, et dont la hauteur s'élève souvent jusqu'à 20 et 25 mètres, que l'on ne craint pas d'abattre et de jeter au beau milieu du fleuve souvent, et par centaines quand les eaux viennent plus ou moins inopinément faire brèches ou ruptures dans les îles et terrains dont il s'agit. Toutes ces choses, les meilleures et les plus sures entre toutes, et dont d'ailleurs l'expérience et la durée sont aussi bien justifiées par le temps que par les résultats, n'ont besoin ici pour porter tous leurs fruits que d'être bien légalement généralisées et réglementées.

IX.

Etablir parallèlement à la Loire un canal pouvant être tout à la fois de dérivation, d'alimentation et de navigation, qui pour nous existe et se trouve toujours et tout naturellement indiqué d'ailleurs par l'histoire des temps et des événements passés et présents. Ce canal, en ce qui nous concerne, doit par conséquent être établi et avoir lieu dans le lit même de l'Authion avec des arches de prise ou de dégorgement d'eau dans la Loire, sur un ou plusieurs points ; en donnant au canal toute la largeur et toute la profondeur dont il est susceptible ; on peut d'avance calculer le volume d'eau qu'il peut à l'occasion recevoir ou contenir, et dans tous les cas on peut encore, au moyen de sections, d'écluses, ou de relais d'eau, en régler, en enrayer ou en diminuer à volonté et le cours et la quantité. Du reste la création et l'établissement des canaux de décharge et de dérivation ne sont pas d'invention nouvelle, ou en trouve la trace chez les peuples de la plus haute antiquité, ainsi que chez nous mêmes il y a quelques siècles à peine, et toujours à l'occasion de la Loire elle-même ; c'est ainsi qu'on le pratiqua à Orléans où on chercha

les moyens d'en reverser le trop plein dans le Loiret,
au-dessus de la ville; à Blois au moyen d'une levée qui
de la Loire en fait dégorger les eaux dans la rivière de
Cousson; au-dessous de Tours dans la direction du pont
St-Anne; il n'est pas jusqu'au canal de Briare qui,
dans la pensée d'Henri IV, n'ait été fait à grands frais,
autant au moins pour décharger la rivière de Loire
dans celle de Loing, que pour faciliter le commerce
entre la Loire et la Seine. C'est pourquoi, conformément à des vues si prévoyantes et si sages, nous demandons avec instance le rétablissement, la conservation,
et l'entretien de ces si utiles et si prudents travaux,
ainsi que la création de nouveaux canaux plus ou moins
analogues ou semblables partout où il pourra en être
établi.

X.

Pour tous ceux qui, ainsi que nous, ont été témoins
ou victimes des terribles et des désastreuses inondations qui nous affligent, c'est avec un égal sentiment
de terreur, de stupéfaction et d'épouvante aussi incom-
préhensibles qu'inexplicabes qu'ils en ont été frappés.
Mais après un sage et salutaire retour à la réflexion
ainsi qu'à l'étude, on a bientôt été conduit à considérer
ainsi qu'à comprendre combien de plus grands et bien
plus déplorables malheurs pouvaient encore résulter
du véritable et incontestable état des choses et combien, si on n'y apporte pas de prompts et efficaces

remèdes, il peut encore survenir de nouveaux et considérables sinistres.

Quand on songe en effet, que plus de trente rivières, petites ou grandes et plus de cent-quarante autres affluents de différentes longueurs ou dimensions viennent tous et sans exception, apporter le tribut de leurs eaux sur une étendue de plus de cent lieues de parcours et jusque dans le lit même de notre beau fleuve de Loire; quand on songe d'autre part, que les surfaces de réceptions de toutes les eaux dont il s'agit, embrassent toute l'étendue de quinze ou vingt de nos plus riches et de nos plus populeux départements relevant de l'Auvergne, du Bourbonnais, du Nivernais, d'une partie de la Bourgogne, de la Beauce, du Berry, du Limousin, du Poitou, de l'Anjou, du Maine, d'une partie de la Normandie, etc.; on se demande alors comment au contraire, un fleuve, tel étendu et tel considérable qu'on puisse le supposer, a pu suffire à lui seul pour contenir et pour écouler le plus généralement sans danger et sans inconvénients, un aussi immense et aussi effrayant volume d'eaux.

En résumé, et à ces divers points de vue de conservation et de sécurité individuelles, particulières et publiques, nous nous croyons en droit de demander que chacun en son lieu et de son côté, soit tenu de régler et d'entretenir les eaux de ces rivières et affluents, conformément au droit commun et réciproque qui réglementent les propriétés privées, riveraines et voisines, concernant les fossés et cours d'eau qui les séparent. En d'autres termes, que, sous la surveillance et la direction de l'État, chaque département soit appelé à conserver et à entretenir toutes ces rivières et cours d'eaux conformément à un plan universel et général après s'être conformé d'abord et avant tout, à ce que nous avons dit touchant les mesures à appliquer aux eaux torrentielles, pluviales, superficielles et autres. (*)

XI.

De tous les faits, documents et considérations qui précèdent, il en résulte de grands et profonds enseignements dont chacun de nous, il faut l'espérer, saura faire son profit; toutes ces choses, nous avons cru pouvoir les récapituler dans les termes suivants :

1° D'abord, le temps du *statu quo*, de l'indifférence ou de l'exclusion, sont également et à tout jamais passés, il faut agir et prendre un parti;

2° Ce parti est tout tracé, il ne peut y en avoir deux en présence des causes multiples et complexes que chacun a pris soin de révéler et d'indiquer partout où elles existent plus ou moins réellement ;

3° Comme les ruisseaux et les torrents ne se forment qu'avec la somme des eaux de leurs bassins de réception, dont les surfaces et l'étendue sont également relatives et variables suivant la conformation et la nature des pays et contrées plus ou moins montagneux, accidentés ou planes, il est évident et clair, que dans

____

(*) Voir à la fin de l'ouvrage le tableau hydrographique de la Loire

l'aménagement, la retenue, la conduite, la direction et l'entretien de ces eaux originelles et premières, il faudra tout à la fois modifier et varier les moyens indiqués en les modelant et en les subordonnant selon chacune de ces conditions particulières et spéciales.

4° Arrivés à ce qui concerne l'origine des rivières de troisième ordre, il faudra, avant tout, s'appliquer soit à leur laisser, soit à leur donner, si elles manquaient de les avoir, toutes les dimensions qu'elles sont susceptibles de recevoir tant en largeur qu'en profondeur, de manière qu'elles puissent contenir ensemble et tout à la fois, et la portion et le volume d'eaux qu'elles furent appelées de tout temps à renfermer dans leur lit, qui ne devra jamais être diminué, rétréci et encore bien moins supprimé d'une manière quelconque, qu'après des délibérations et des décisions officielles et légales ayant l'intérêt public et le droit commun pour objet ;

5° Il en sera de même et à bien plus forte raison encore pour toutes les rivières de premier et second ordre, quant à tout ce qui pourrait nuire ou contrarier leurs proportions naturelles, ainsi que leurs existences et leurs constitutions anciennes dans leurs rapports avec la législation, les conventions publiques ou privées et conformément aux prescriptions hydrographiques adoptées et réglementées, selon les nécessités et l'usage ;

6° Quant aux rivières et aux fleuves enfin qui portent leurs eaux à la mer et qui, ainsi que la Loire, par exemple, sont de dimension et de nature à recevoir un nombre d'affluents [plus ou moins considérables, ils

devront, dans toutes les parties de leurs parcours où
cela pourra avoir lieu sans porter atteinte soit aux
droits acquis, soit à des difficultés matérielles et physiques aussi dangereuses qu'insurmontables, posséder
un lit aussi vaste, aussi naturel et aussi calme que
possible, ce qu'on peut obtenir d'une manière aussi
simple que facile, en respectant en tant que de raison
et les pentes, et les directions et les tendances de leurs
eaux, tout en les soutenant et les maîtrisant avec autant de savoir que de prudence, de façon à pouvoir
préserver et défendre comme ils peuvent et doivent
l'être, tous les terrains, villes, villages et contrées qui
les avoisinent et qui les côtoyent depuis un temps assez
long et conformément à des droits assez bien motivés
pour les faire respecter ou maintenir partout où besoin
sera ;

7° Toutes ces choses devront être faites ou pratiquées d'après un plan général et commun, tout à la
fois, tout ensemble et pour ainsi dire tout d'une pièce,
ainsi qu'à l'avenir elles devront l'être sous le rapport
de l'administration, de la surveillance et de l'entretien;

8° Nous avons indiqué dans le cours du présent
travail, tout ce qui peut être entrepris, pratiqué et
exécuté pour suffire à la réalisation de la plus grande
partie des choses dont nous venons de faire ici la ré-
capitulation succinte et rapide ;

9° Si, comme nous croyons l'avoir suffisamment
démontré, avec tant d'autres, les déboisements et les
défrichements des montagnes et des terrains en pente,
ont véritablement influé sur la fréquence et l'énormité

des inondations actuelles., il faudra donc en même temps, et sans tarder, faire procéder à la replantation, aux reboisements et aux reverdissements de ces terrains, de même que de tous ceux où ces moyens divers pourront être employés, soit en grand soit autrement. Il faudra d'abord commencer par respecter soi-même ce qu'on veut ainsi faire respecter aux autres, afin de donner tout à la fois et le précepte et l'exemple, c'est-à-dire, qu'il faudra précisément agir en sens inverse de ce qu'on fait encore en ce moment, où partout on abat, ou l'on condamne impitoyablement, haies, fossés, plantations et cultures, sous prétexte d'alignement, de redressement ou d'entretien exagérés ou arbitraires, sans règle et sans gouverne. Les Gaulois, nos ancêtres, considéraient le chêne comme un arbre sacré ; dans certaines provinces, on allait anciennement aux galères pour un arbre coupé ; aujourdhui, hommes, femmes, enfants ou cantonniers, tous portent plus ou moins impunément la serpe ou la hache sur des choses qu'il y a pourtant autant d'urgence que de nécessité à faire respecter dans l'intérêt actuel ou prochain de tous et de chacun, sans être toutefois ni aussi païens, ni aussi barbares qu'on le fut dans les temps passés.

XII.

L'organisation, l'administration, la surveillance et l'entretien du vaste système hydrographique dont nous venons d'esquisser les principaux traits, auraient sans

doute beaucoup de peines et de difficultés à s'appro-
prier et à se conformer à notre division territoriale
actuelle ; cette sorte et nature de circonscription artifi-
cielle et arbitraire nommée département, qui commence
et finit par des lignes ou des points fictifs ou de con-
vention, n'a jamais été constituée ni en vue des grands
bassins ou des grands plateaux hydrographiques sylvi-
coles et montagneux, d'où toutes les eaux procèdent,
ainsi que l'avaient si merveilleusement été sous ce
rapport la plupart de nos grandes circonscriptions pro-
vinciales anciennes ; il faudrait donc, sinon y revenir
entièrement pour le meilleur avantage des grands travaux d'utilité publique tels que ceux dont nous par-
lons, tout au moins procéder par groupes ou séries
de départements, exclusivement régis et dirigés par
une réunion aussi complète que possible d'hommes
et de choses aussi spéciaux que convenables.

Le fractionnement et la division du service actuel
ont produit les plus tristes et les plus déplorables conséquences, nous avons vu, quant à nous, trois ou
quatre ingénieurs en chef, autant à peu près que nous
avons de rivières placés dans un même chef-lieu de
département pour un ensemble et un concours de travaux qui, dans la même main et obéissant ainsi à une
impulsion et à une direction infiniment plus rationnelles
et plus unitaires, auraient assurément produit des résultats beaucoup plus prompts, beaucoup moins onéreux
et beaucoup plus satisfaisants que tous ceux obtenus
au milieu des tiraillements et de la confusion aussi
constants qu'inévitables, d'après des attributions et
des tendances la plupart du temps aussi opposées

qu'antipathiques entre elles. Ces superfétations admi-
nistratives et locales qui, pour justifier leur indispensable nécessité, ne cessent de provoquer à des innova-
tions et à des travaux parfois aussi inutiles qu'incohé-
rents ; le pouvoir concédé aujourd'hui à l'administration supérieure, quant à l'autorisation facultative
de telles ou telles sortes de dépenses ; la facilité avec
laquelle la législation autorise de son côté tous les
impôts et tous les centimes additionnels demandés
même par les plus minimes et les plus pauvres communes, ont engendré partout une foule d'abus et de spé-
culations dont il serait aujourd'hui aussi difficile
qu'impraticable de se préserver ou de se dégager tant
l'appât qu'on leur présente ou qu'ils se présentent
réciproquement et mutuellement entre eux, sous le nom
de subvention, d'avances, de prêts, etc., sont séduisants et tentateurs. C'est sous une autre forme aussi,
comme une autre sorte de bourse à laquelle il faudra
bien apporter au plus tôt, tous les remèdes, toutes les
réformes indispensables, si l'on ne veut voir le crédit et
la fortune publique de la France, déjà si compromis de
ce côté, se compromettre et s'absorber encore et de plus
en plus.

XIII.

L'importante question dont il s'agit en ce moment,
n'est rien moins, pour nous, qu'une question d'initiative et de priorité, c'est surtout, et avant tout, une

question d'intérêt public et d'unanimité, aussi ne pouvons-nous manquer d'être heureux et fier de nous être, sous tant de rapports, rencontré avec MM. les rédacteurs de la *Presse* et de la *Patrie*, et particulièrement avec l'honorable M Delamarre, dont les opinions théoriques et pratiques sont tellement analogues et tellement identiques avec les nôtres, que, sauf le talent de rédaction, sauf l'ordre et la clarté qui règnent si éminemment dans son œuvre, on croirait, pour ainsi dire, nos deux publications sorties du même manuscrit. Et cependant, et sans nous connaître, nous pensions et nous écrivions ainsi, à près de 100 lieues de distance l'un de l'autre, avec cette différence, que l'un employait la voie si retentissante et si rapide de la presse quotidienne, tandis que nous, nous cheminions lentement et péniblement sur la voie toujours si attardée et beaucoup moins expéditive de la brochure et de l'in-octavo.

Du reste, la lice est ouverte sur toute la ligne, et il n'est pas de jours qui ne nous apporte quelques nouvelles publications et quelques nouvelles idées sur une question d'ailleurs si palpitante et si pleine d'actualité. Voici venir aujourd'hui d'anciens et de nouveaux auxiliaires qui nous arrivent merveilleusement et parfaitement en aide, ce sont : d'abord M. Lambot-Miraval, dont le mémoire est intitulé : *Observations sur les moyens de reverdir les montagnes, et de prévenir les inondations.* Bonne et utile indication on ne peut plus propre à compléter la solution de la question par les reboisements des montagnes et terrains en pentes.

Un journal anglais, le *Spectator*, a publié sous ce

titre : *Les inondations en France, causes, remèdes.*
Dans cet ouvrage on accuse encore les déboisements, et ces nouvelles opinions sont motivées sur
ce fait, qu'en empêchant les neiges d'être retenues
et contenues ainsi qu'elles l'étaient jadis par les bois
et forêts existants, on a dû favoriser ainsi leur dénu-
dation, leur progression et leurs chûtes, et, chose
plus grave et plus menaçante encore, la fonte immédiate et continue de ces mêmes neiges, livrées ainsi à
toutes les atteintes des pluies et des insolations dont
elles étaient autrefois préservées de manière à ne pouvoir produire ces phénomènes que lentement et successivement. Notre auteur conclut qu'en appliquant
ces considérations au Rhône en particulier, que la
France et la Suisse devraient avoir un intérêt égal
aux reboisements et aux replantations des Alpes.

Restent trois nouvelles publications qui nous ont
semblé tellement positives et tellement concluantes au
point de vue qui nous occupe, que nous n'avons cru
devoir mieux faire que de les reproduire en entier,
dans la crainte d'affaiblir, par des interprétations peu
exactes, et leur autorité et leur portée.

XIV.

M. Vallée, inspecteur général des ponts-et-chaussées,
auteur de belles études sur le lac de Genève et le Rhône,
propose de faire servir le lac de Genève à prévenir les
débordements de ce fleuve. Selon M. Vallée, il suf-

lirait pour obtenir ce résultat de barrer le lac de Genève dans le cas de grandes crues, et de laisser le niveau des eaux s'élever ainsi pendant un temps suffisant dans cet immense réservoir disposé par la nature. M. Vallée indique un moyen de rendre beaucoup plus avantageuse la réserve du lac de Genève, en dérivant, pour le cas d'inondation, l'Arve dans le lac par un canal de 2,000 mètres de longueur, qui partirait de l'amont de Carouge, et se rendrait en ligne droite dans le Léman, par les fortifications de l'est de la ville. L'exécution de ce canal est, selon M. Vallée, parfaitement praticable.

. L'ensemble de ces ouvrages ne coûterait que trois millions, y compris une digue dans le lac qui serait, d'ailleurs, un grand embellissement pour le pays, et deux barrages mobiles qui seraient établis, l'un à Genève et l'autre à Carouge.

Ces divers ouvrages, une fois construits, sur les ordres donnés de Lyon par le télégraphe électrique dans les cas de pluies inquiétantes, les eaux du Rhône se trouveraient arrêtées à Genève : celles de l'Arve, jetées dans le lac, le seraient également : Lyon, au lieu de recevoir par le Rhône 5,000 mètres d'eau par seconde, n'en recevrait que 4,000 ; Avignon, qui en reçoit 12,000, n'en recevrait que 11,000. D'après les calculs et les détails donnés par M. Vallée, les eaux du lac ne seraient jamais gonflées, après ce barrage, d'une hauteur de plus de 144 millimètres, et, pendant le mois de juin dernier, la retenue des eaux dans le lac aurait pu se prolonger pendant un temps beaucoup plus long que la durée des eaux qui viennent de désoler et de dévaster le pays.

Il résulte de cet aperçu présenté par l'honorable inspecteur des ponts-et-chaussées, qu'avec une dépense de trois millions, en améliorant la navigation du Léman, défectueuse auprès de Genève en basses eaux, en embellisant cette ville, en donnant une bonne navigation sur le Rhône français pendant l'automne et l'hiver, on réduirait toutes les grosses eaux de ce fleuve à des crues inoffensives.

Tel est le service qui peut être rendu aux riverains du Rhône. Jamais peut-être, dit M. Vallée, les circonstances ne seront aussi favorables qu'aujourd'hui à l'exécution de ce projet, tant à cause de l'état des choses à Genève, qu'à cause de la sollicitude éclairée du gouvernement pour les besoins des populations souffrantes. Il y a pour le Rhône un lac de Genève, avantage que n'a malheureusement pas la Loire. La mission providentielle de ce lac est au grand jour, le zèle paternel des autorités fera le reste.

XV.

M. le commandant Rozet avait proposé, dans un mémoire lu à l'Académie des sciences, le 26 mai dernier, et dont nous avons donné l'analyse, de prévenir les inondations au moyen de travaux effectués à la source des fleuves, et en particulier à l'aide de masses de rochers jetées dans le cours des ruisseaux, ou ce qu'il nomme les digues criblantes. M. Rozet condamne donc non pas implicitement, mais d'une manière absolue, le système de digues actuellement employées. C'est à ce système qu'il attribue les effets désastreux des dernières inondations. C'est, en effet, uniquement sur les points où les digues ont été emportées par la puissance des eaux, que l'on a remarqué de terribles effets de destruction, la chute des murs, le renversement des maisons et des édifices.

Pour confirmer les faits exposés dans son numéro, M. Rozet est allé visiter la vallée de la Loire, afin d'étudier sur les lieux, théâtre de ces désastres, les effets produits par la rupture des digues. Dans une lecture faite le 23 juin à l'Académie des sciences, M. Rozet a donné une description de ce qu'il a constaté, et ses observations confirment entièrement les faits qu'il avait précédemment avancés relativement aux dangers que présentent les digues telles qu'on les a construites jusqu'ici.

Dans la crue des premiers jours de juin, les eaux de de la Loire se sont tellement élevées en soixante-douze heures, qu'elles ont souvent passé les digues chargées de les contenir ; ces digues ont crevé en plusieurs endroits sous l'énorme pression de l'eau ; celle-ci s'est alors précipitée par les brèches, en roulant comme une avalanche et emportant tout ce qui se trouvait sur son passage, murs, maisons, et même des châteaux solidement construits.

La première brèche visitée par M. Rozet, a été celle d'Onzain, en face la station du chemin de fer. Il en est sorti un énorme cône de déjection, formé de pierres, de graviers et de sables, qui s'étendait jusqu'au-delà des bâtiments de la station. Or, chose remarquable, à l'ouest de ce cône, un petit bois taillis, dont les plans n'ont que trois mètres de haut, a suffi pour arrêter les graviers, qui ne l'ont pas envahi sur une largeur de plus de vingt mètres. Le cône de déjection, en suivant deux lisières de bois perpendiculaires, s'est étendu fort loin au nord et à l'ouest. Dans le bois, il s'est formé un dépôt de limon ayant plus d'un décimètre d'épaissseur. De l'autre côté, une vigne a aussi arrêté les graviers, et ses ceps ont été recouverts d'un dépôt limoneux, presque aussi profond que celui du bois. Les graviers et les sables sont venus se déposer contre les haies du chemin de fer, qui n'ont pas 1 m. de haut, en formant une longue bande dans le sens du courant.

A Amboise, une immense brèche s'est ouverte en face encore de la station du chemin de fer ; le flot qui l'a traversée a emporté plus de vingt maisons qui avoisinaient la gare, fait crouler plusieurs bâtiments de celle-ci, détruit la voie en l'affouillant sur une grande longueur et en se creusant un lit profond que l'on ne pourra peut-être jamais dessécher. Ici le cône de déjection est immense ; il se compose de pierres, de débris de murailles, de graviers et de sables, sur une longueur de plus de quatre cents mètres. A côté de ce débris se trouvent encore des vignes et des jardins bordés de haies, recouverts d'un dépôt de limon, et dans l'intérieur desquels des maisons sont restées debout.

Près le pont de Mont-Louis, une vaste brèche s'est ouverte dans la ligue de la Loire, et, de ce côté, les cultures ont été enfouies sous une masse de pierres, de graviers et de sables.

A Saint-Pierre-des-Corps, à l'embouchure du canal
qui joint le Cher et la Loire, l'eau passant sous le
pont, après avoir affouillé les culées, a pratiqué une
large brèche. Arrêtée par la première écluse, qui était
fermée, elle s'éleva ensuite rapidement entre les deux
digues. Une masse de travailleurs jetait alors des
pierres, des troncs d'arbres, des sacs de chaux hy-
draulique, le long de la digue occidentale, dont la
destruction eût entraîné celle de Tours. Malgré tous
les efforts, cette digue croulait, lorsque, avec un fracas
épouvantable, celle de l'est céda, donnant passage à
une montagne d'eau qui se précipita sur le village
dont elle emporta dix maisons. Le courant, amorti
par les haies du jardin, inonda les autres maisons jusqu'aux toits, sans les renverser. Suivant alors la berge
du canal, l'eau s'étendit dans la plaine, jusqu'à la
chaussée du chemin de fer d'Orléans. Mais là, rencontrant celle du Cher, qui avait passé sur la brèche
de Roche-Pinard, un exhaussement considérable eut
lieu ; les deux ondes réunies débordèrent la levée du
canal ; celui-ci fut subitement comblé, et la berge
occidentale, couverte dans toute sa longueur, fut
crevée en deux endroits. Tout a été rasé en face de ces
deux brèches, que couvrent maintenant des amas de
graviers sous lesquels les cultures ont disparu.

Ici encore, de simples haies d'aupépines, qui n'ont
pas 2 m. de hauteur, ont préservé des maisons.

La Loire et le Cher réunis ont couvert la plaine
depuis le canal jusqu'à la route de Bordeaux ; toute la
belle gare de Tours était inondée jusqu'à 3 m. de
hauteur, et l'eau pénétrait dans la ville par plusieurs

issues. Quand les murs s'opposaient à son passage, elle s'élevait contre ces murs, les renversait, et anéantissait les maisons placées derrière. C'est ainsi que les maisons du faubourg Saint-Etienne ont été emportées. Deux ont été tellement affouillées, qu'il n'existe plus à leur place que de profondes excavations remplies d'une eau noire et infecte.

La levée du Grand-Mont ayant résisté à la fureur du flot, celui-ci est allé se précipiter sous l'arcade du chemin de fer de Nantes, en affouillant les culées, il a brisé le pont en plusieurs morceaux, et s'est ouvert un passage de 80 m. de large, pour aller dévaster la plaine de Saint-Sauveur et le faubourg de Saint-Eloi, après avoir détruit le chemin de fer sur une grande longueur.

Toutes les constructions qui existaient devant cette brèche ont été emportées ; mais à 100 m. au-dessous, une petite pépinière, comprise entre le chemin de fer et son treillage et qui n'était environnée que d'une haie d'un m. seulement de haut, a détourné les graviers, qui se sont jetés sur la droite en décrivant une courbe. Il s'est formé, dans son intérieur, un abondant dépôt de limon, et une cabane en bois qui s'y trouvait a été préservée. Au-dessous, des haies de jardins ont encore sauvé les maisons qui ont bien été inondées jusqu'aux toits, mais qui n'ont point été affouillées.

Sur la levée de la route de Chinon, entre le pont Saint-Sauveur et celui de Pont-Cher, des peupliers qui ont 4 et 5 déc. de diamètre, plantés sur le bord oriental de cette levée, ont tellement préservé ce bord de la destruction, en déterminant des remous, que l'herbe n'a pas même été enlevée. Du côté opposé, l'eau se précipitant d'une hauteur de 4 m., la levée a été fortement excavée et les maisons qui se trouvaient au-dessous, en partie détruites.

M. Rozet fait remarquer combien ces obstacles, qui viennent de produire de si grands effets, c'est-à-dire des haies, de simples treillages, etc., qui ont suffi, dans la vallée de la Loire, pour rompre la violence des eaux, sont inférieurs aux blocs et aux piliers de pierres qu'il propose d'établir le long des torrents, pour en prévenir les dégâts. Des digues criblantes, faites dans les gorges des bassins de réception et dans les principaux étranglements des vallées, empêcheraient l'eau de s'élever subitement dans le lit en aval. Ces moyens pourraient donc, non-seulement prévenir les grandes crues, mais aussi diminuer les dégâts qu'elles causent aujourd'hui dans les plaines.

Il n'y a eu de grands désastres, dans la vallée de la Loire, que sur les points où les digues ont crevé. A Savonnière, à Villandry, à La Chapelle-sur-Loire, où plus de cent maisons ont été rasées, et jusqu'à Nantes, ces désastres proviennent de la même cause, c'est-à-dire du système d'endiguement employé depuis tant de siècles et qui doit aujourd'hui être abandonné sans retour.

J'affirme, dit en terminant M. Rozet, qu'en appliquant à la Loire les moyens que j'ai eu l'honneur de proposer à l'Académie, on préserverait ses rives des grandes inondations, et on la rendrait navigable pendant toute l'année sur des points que de légers bateaux ne peuvent pas, aujourd'hui, franchir pendant l'été. De plus, ils permettraient de cultiver une assez grande partie du sol compris entre les digues, aussi bien que celui dévasté, dans les montagnes, par le fleuve et ses alluves. Cette culture suffirait enfin pour payer au-delà de toutes les dépenses qu'entraîneraient ces travaux.

XVI.

M. Rozet, qui fait, comme on le voit, une rude guerre aux travaux des ponts-et-chaussées et aux digues dont cette administration a encaissé nos fleuves, a trouvé un appui, un secours efficace et non suspect, dans l'opinion d'un membre éminent de cette administration. M. Dausse, ingénieur en chef des ponts-et-chaussées, chargé de la statistique de nos rivières, et depuis trente ans, mêlé à tout ce qui s'est fait, en France, concernant le régime des eaux, vient de s'élever fortement contre le système de digues, prétendues insubmersibles, adopté par nos ingénieurs. Il a montré toute l'inutilité, tous les dangers de ces digues, dans un travail qu'il a présenté, le 16 juin, au conseil général des ponts-et-chaussées. Un résumé de ce travail a été lu par l'auteur, lundi dernier 30 juin, à l'Académie des sciences.

L'importance de ce document, la haute autorité de son auteur, la vérité frappante des assertions qu'il renferme, tout le recommande à l'attention publique.

Le mémoire de M. Dausse mériterait d'être cité en entier, en raison des excellentes recommandations pratiques qu'il renferme et de l'influence qu'il ne manquera pas d'exercer sur la direction des travaux de nos ingénieurs, en ce qui concerne la construction future des digues sur le parcours de nos fleuves et de nos rivières.

Ces inondations surprenantes, dit le savant hydrographe, qui se repètent depuis 1840, et causent de si grandes et douloureuses pertes, provoquent naturellement la question de savoir si la science ne peut pas conjurer ce fléau dans l'avenir et d'abord si l'on est bien dans la voie pour cela.

On construit beaucoup de digues nouvelles, on en entretient, on en relève d'anciennes plus étendues encore, le tout, comme on sait, à grands frais pour l'état et les riverains; mais après avoir plus ou moins longtemps, de la sorte, préservé nos vallées et nos villes, voici que des crues de plus en plus hautes surpassent toutes ces digues dites insubmersibles (c'est le nom usuel, consacrés, de celle que j'ai ici en vue) et commettent, à proportion même de la hauteur qu'on leur donné, de plus grands ravages.

Non seulement nul ne proteste contre la qualification qui vient d'être rappelée, mais de vastes projets, récemment adoptés, s'exécutent sous nos yeux suivant ce système de plus en plus dominant et toujours ainsi désigné.

Et aujourd'hui encore, quelle leçon sortira des événements? en refaisant à la hâte les digues emportées, ne va-t-on pas, sur ces points et partout ailleurs,

les relever de nouveau de quelques pieds de plus, et
peut-être, au demeurant, après bien des discussions
éphémères, en rester là ?

C'est du moins ainsi qu'on s'est engagé toujours
davantage dans ce système des digues ou levées soi-
disant insubmersibles, mais je crois le moment venu
d'accuser ce système d'être illusoire, ruineux et funeste.

Oubliant la portée des mots, on ne prend pas garde
qu'on encourage par celui qui désigne expressément
le système dont il s'agit ici, les constructions qu'on
voit se multiplier dans nos vallées endiguées; et l'on
fait, d'ailleurs, soi-même, dans celles surtout où la
plupart des crues nuiraient encore aux récoltes, non
plus par débordement sur les digues mais par infiltra-
tion en dessous, l'on fait, dis-je, de grands canaux
d'assainissement qui supposent, en effet, l'insubmer-
sibilitité des digues; car ils seraient autrement un
nouveau lit tout préparé pour la rivière à son premier
débordement imprévu : nouveau lit qu'elle pourrait
bien, l'élargissant et l'achevant en 24 heures, s'appro-
prier et garder.

C'est assez dire qu'il y a sur ce point un examen
radical à faire, et, qu'avant d'aller si loin, d'urgence
en urgence, dans le malheureux système de l'endiguement excessif des rivières, on eût dû se demander
assurément s'il y a une limite assignable à leurs plus
grandes crues; question première et capitale, quoique
presque puérile à force d'être naturelle, et que pourtant je puis dire en toute sincérité n'avoir jamais ouï
poser par personne.

Considérons celle de nos rivières qu'on a le plus longtemps observée, la Seine à Paris :

La plus grande crue qu'elle présente depuis 1777, est la crue du 3 janvier 1802, qui monta à 7 m. 45 à l'hydromètre du pont de la Tournelle, auquel les hauteurs dont il s'agit ont toujours été prises.

La moyenne des 80 maxima annuels ou la crue moyenne, n'est que de 4 m. 56 elle est donc de beaucoup (de près de 3 m.) inférieure à la crue de 1802.

Mais il y a dans le passé des crues bien plus hautes. En effet, celle du 25 décembre 1740 est montée à 7 m. 90; celle du 1er Mars 1658 jusqu'à 8 m. 80, et la plus grande dont on ait conservé la mesure, celle du 11 juillet 1615, plus haut encore de 0 24 ou jusqu'à 9 m. 04 et, je le repète, le 11 juillet en plein été. Cette hauteur, 9 m. 04 est, comme on voit, à peu près double de la crue moyenne.

Une telle crue donne: 1 m. 50 sur la place de la Concorde, à l'entrée de la rue Royale; 2 m. 00, du Cours-la-Reine (Champs-Elysées), au commencement des Champs-Elysées; 3 m. 25 à la petite entrée du palais du corps législatif par la rue de Bourgogne; 2 m. 90 entre le palais de la Légion d'Honneur et la Cour des comptes rue Belle-chasse; 2 m. 80 devant le milieu du palais du Conseil d'Etat rue de Poitiers; 1 m. 77 rue du Bac, à la rencontre des rues de Lille et de l'Université; 2 m. 12 à l'angle des rues Bonaparte et Jacob; 2 m. 79 à l'angle des rues de Seine et des Marais; 0 m. 76 sur le seuil de la porte de l'Institut donnant sur le quai.

Ma statistique des rivières de la France montre que,

sur toutes les rivières et sur tous les points de leur
cours, un fait pareil à celui qui vient d'être cité pour
la Seine, a été constaté, c'est-à-dire que, sur toutes
les rivières, on a vu des crues presque sans rapport
avec les états ordinaires de ces rivières.

Sans doute, ces sortes de crues démesurées sont
rares, mais il n'en est pas moins vrai que nul ne sait
la cause ou la loi de leur apparition. L'Isère en a eu
cinq dans le dix-huitième siècle : en 1711, 1735, 1740,
1764 et 1778. Dans ce siècle-ci, elle a présenté deux
crues, sinon aussi fortes, du moins encore mémorables ;
en 1816 et tout récemment. La crue de 1816 est montée à Grenoble à 3 m. 70 ; celle de 1856 vient de s'é-
lever à 3 m 80. Mais la crue de 1778 alla à 5 m. 10 et
donna 1 m. 70 d'eau à l'entrée de l'hôpital. Dans
d'autres quartiers il y en eut davantage.

La crue moyenne n'est que de 2 m. 40.

Ces quelques faits posés, je demande pourquoi nous
ne reverrions pas sur l'Isère une crue aussi haute ou
même plus haute que celle de 1718, et sur la Seine que
celle de 1615 ?

Lorsque les digues sont rapprochées, elles augmen-
tent extrêmement la hauteur des crues ; et lorsqu'elles
sont en même temps trop sinueuses, disposition qui a
été longtemps imposée par principe, elles ont à es-
suyer, dans les grandes eaux, le choc de courants
violents qui souvent les culbutent, sans avoir besoin
pour cela de les surmonter.

Dans l'autre système, au contraire, les crues, s'é-
tendant sur toute la plaine, sont diminuées à proportion de leur largeur, et les cultures, les haies, les

arbres, les bourrelets transversaux, surtout si l'on en fait, comme en Egypte depuis de longs siècles, modérant la vitesse de la nappe d'inondation, celle-ci, loin de raviner le sol, ne fait qu'y déposer un limon précieux.

Qu'on garde donc désormais les digues insubmersibles, en les faisant autant que possible, véritablement telles pour les villes, bourgs, villages, malheureusement bâtis dans des lieux trop bas : là il y va de la vie des hommes, il n'y a pas à balancer. Mais que, pour les vallées elles-mêmes, on se contente de digues arrosées à la hauteur des berges, les fixant et redressant convenablement et en réservant un lit ni trop ni trop peu large. Et puis qu'à une certaine distance de ce lit, la plus grande possible, on élève des bourrelets de terre jusque un peu au-dessus des crues ordinaires, qu'on renonce, s'il le faut, à certaines cultures ou qu'on les restreigne aux terrains les moins exposés. S'il y a des affluens torrentiels qui risquent d'encombrer la rivière, qu'on ait grand soin d'allonger leurs cours, afin de les faire aboutir presque parallèlement à la rivière et avec une pente peu différente de la sienne, et qu'on les jette, pour cela, autant qu'il se peut, dans les lits délaissés de la rivière; que les redressements soient étudiés avec grand soin dans cette vue, et en entendant longuement les riverains qui savent seuls une foule de faits dont il importe extrêmement de tenir compte, et qu'autrement on ne saurait jamais tout prévoir et prendre en considération comme il le faut.

Dira-t-on que tout ceci peut être bon pour les val-

lées encore sans digues, mais que pour celles qui en
ont, et au nombre desquelles sont les principales, c'est
autre chose? Je réponds qu'il faut d'abord, pour la
vallée de la Loire, par exemple, conserver très soigneusement le jeu de la digue de Pinay qui, à chaque
crue de la Haute-Loire, fait de la plaine du Forez,
comme un lac, et qu'il faut rechercher toutes les autres
applications possibles de cet admirable palliatif.

Il faut voir les parties marécageuses ou basses,
étendues et de moindre rapport, que peuvent présenter
les plaines endiguées, et en faire des réservoirs, qu'on
ouvrirait aux crues à certains moments. Il faut en général, loin de se contenter d'une digue, les multiplier
diversement, comme on le fait dans la vallée du Pô.

Il faut tâcher de réaliser la pensée de M. Elie de
Beaumont, qui voudrait qu'on élargit le canal de Sa-
vière, pour jeter les crues du Rhône supérieur dans le
lac du Bourget.

Il faut voir si les Génevois voudront consentir à recevoir dans leur limpide Léman, comme M. Vallée le
leur demande, le torrent d'Arve, malgré ses eaux
troubles et tous les cailloux qu'il entraîne.

Il faut chercher toutes les applications qu'on peut
faire de l'idée de M. Rozet, de retarder le cours des
affluents supérieurs de nos fleuves, dans les défilés
rocheux où la mine pourrait aisément entasser blocs
sur blocs, et obstruer ainsi le passage.

Il faut rechercher toutes les localités qui peuvent se
prêter à des moyens quelconques de retenir ou ralentir
les crues des cours d'eau qui les traversent.

Il faut surtout reboiser et gazonner, tant qu'on

pourra, les terrains en pentes, et même le roc, comme on l'a entrepris, non sans succès, dans les Hautes-Alpes, parce que c'est là, sans nul doute, le plus général et le plus puissant de tous les palliatifs.

Mais il faut par dessus tout, selon nous, peu à peu, en revenir au système économique, simple, raisonnable, que je viens de signaler, et se bien garder de recourir à l'autre dans les questions neuves.

Et puis, enfin, là où il n'y a pas moyen de mettre à couvert les habitations, il faut soigneusement proscrire les constructions peu solides, comme l'administration vient de le faire pour le pisé, dans la plaine basse, auprès de Lyon. Il faut même examiner s'il ne conviendrait pas de renouveler ces habitations, et de relever leur sol comme l'on fait les rois de l'antique Égypte pour des cités tout entières ; car là, bien qu'on eût jamais négligé de s'établir au-dessus des plus grandes eaux du fleuve, le continuel exhaussement de son lit et de la Vallée annuellement inondée, rendit ce parti trois ou quatre fois nécessaire en 30 ou 40 siècles.

Nous avons jugé indispensable de citer textuellement les extraits qui précèdent du travail de M. Dausse, parce que ce mémoire résume, avec netteté, des idées neuves et pratiques sur les moyens de prévenir le retour des désastres qui viennent de porter la ruine et le deuil dans nos contrées. Il est impossible que l'on ne tienne pas compte, dans l'avenir, de ces sages avis, de ces vues fondées sur une longue observation, et que confirment également le raisonnement et la théorie. Les digues dites insubmersibles ne sauraient continuer

à être adoptées dans les travaux futurs à exécuter sur
le parcours des fleuves; c'est un résultat dont il faudra
faire honneur à la courageuse initiative prise avec
tant d'autorité par le savant ingénieur des ponts-et-
chaussées, dont on vient de lire le travail.

XVII.

Nous terminons donc aussi, nous, en disant qu'il ne
s'agit plus aujourd'hui d'entasser digues sur digues,
de construire et de pratiquer toujours, partout, et quand
même, des digues, et puis encore des digues pour arrêter le flot torrentueux et de plus en plus envahissant
des inondations actuelles, mais bien plutôt, depuis
sa source jusqu'à son embouchure, de lui ménager et
de lui imposer à l'occasion un cours aussi vaste, aussi
régulier et aussi paisible que possible. Tout cela, sans
doute, est fort en opposition et même en contradiction
manifeste avec tous les partisans passés, présents et
futurs, des rétrécissements, des encombrements, des
endiguements, des barrages, des obstacles et des difficultés de toutes sortes, dont chacun a pu juger, ainsi
que nous, tous les résultats et toutes les conséquences
aussi néfastes que déplorables.

Quant à nous, nous arrivons d'autre part avec un
tel concours, avec une telle autorité et avec une telle
unanimité de preuves, de faits et de conclusions si
généraux et si flagrants, que nous ne doutons pas que
le pouvoir législatif et souverain ne puisse être,

ainsi que nous, aussi profondément ému que frappé.
Nous pensons donc aussi que tous les travaux importants que nous avons cru devoir résumer et reproduire
ici avec autant de désintéressement que de loyauté,
seront appelés à leur tour à peser d'un grand poids
dans la balance. Le lumineux et savant rapport de
M. Louvet, notre député, ne fait-il pas d'ailleurs un
appel officiel et légal à toutes les spécialités ainsi qu'à
tous les dévoûments, lorsqu'au lieu des dix millions
demandés par l'État, il propose de lui en allouer dix-
huit après avoir reconnu la triste et déplorable statistique des désastres et des pertes causées dans le Midi
par les inondations. De ces dépenses et de ces subven-
tions imprévues, il propose d'ailleurs de faire deux
parts : la première immédiatement destinée à la répa-
ration des ruptures, brèches et destructions qui inter-
ceptent encore la plupart des communications publiques
ou privées; la seconde destinée à provoquer, de tous
côtés, des études et des travaux ayant pour but de
rechercher les meilleurs moyens à employer pour prévenir ou pour combattre toutes les inondations futures.

C'est à ce double appel, tout à la fois patriotique et
national, que nous avons eu l'intention, ainsi que tant
d'autres, de répondre pour notre part. Quelque faible
et quelque insuffisant que puisse paraître notre tribut,
pour peu qu'il parvienne seulement à indiquer ou à
confirmer un seul et unique moyen de salut et de préservation, non seulement nous croirons avoir rempli
la mission que nous nous étions imposée, mais encore
nous nous serons procuré une de ces douces et mo-

destes satisfactions que chacun éprouve lorsqu'il croit
avoir rempli son devoir de bon et dévoué concitoyen.

XVIII.

Au sujet des inondations du Midi dont nous venons
de parler, nous rappelerons quelques observations qui
se rattachent intimement à toutes nos questions actuelles. En septembre 1838, et tout plein par conséquent de ce que nous venions de dire et de publier sur
la Loire, nous nous décidâmes, étant alors à Bordeaux,
à faire le voyage de cette ville à Toulouse par eau au
lieu de nous y rendre par terre. Un bateau à vapeur
établi sur la Garonne allait à cette époque de Bordeaux
à Agen, et souvent même jusqu'à Castel-Sarrasin.
Dans l'année dont il s'agit, les eaux étaient tellement basses, que lorsque notre machine ne pouvait
plus fonctionner à cause des atterrissements plus ou
moins superficiels, s'étaient des chevaux, marchant
dans le lit même du fleuve, qui nous traînaient à la
manière des coches qu'on a vu naviguer, naguère
encore, dans les environs de Paris. Cependant nous
n'en voyagions pas moins et le jour et la nuit, parce
qu'au lieu d'être mobiles et changeants, ainsi que dans
la Loire, les sables et graviers étaient au contraire sta-
tionnaires et permanents, ce qui, par conséquent, assu-
rait à la navigation des chenals toujours invariables et
constants. Pour procéder probablement aussi à l'amélioration de la navigation de la Garonne, on ne jugea ce-

pendant pas à propos, ainsi que chez nous, de combler
ou d'empierrer le lit même du fleuve, on s'y prit autrement. On fit des jetées au moyen de plantations vives
sur la rive droite où elles prenaient leur point d'appui,
puis venaient se diriger verticalement dans le lit même
du fleuve où elles se trouvaient implantées sur une longueur de 8 m., ayant une largeur à peu près égale
dans toute leur dimension, avec une hauteur au-dessus
du niveau des eaux d'environ 1 m. et plus, puis ar-
rivées à la distance de projection susdite, elles venaient
ensuite se replier immédiatement en dedans à la rencontre l'une de l'autre, sans se fermer entièrement,
toutefois, mais de manière à ne laisser entre elles
qu'une sorte d'ouverture, libre et centrale, de quelques
mètres à peine. Ces petites sortes de relais ou clôtures
d'eau se trouvaient isolées, et plus ou moins distantes
les unes des autres, de telles sortes qu'elles présen-
taient ainsi à l'œil l'aspect d'une foule d'angles sail-
lants et rentrants, de découpures ou de dentelures
plus ou moins larges et profondes, qui avaient probablement pour but, après avoir toutefois rétréci le lit
du fleuve d'un tiers ou d'un quart environ de sa largeur
habituelle ou normale, de ralentir d'autre part le cours
des eaux dont on pensait faire ainsi des réserves et
des retenues au profit de l'étiage, absolument indispensable pour les besoins et les nécessités de la navigation.

Ainsi donc, là encore, et selon nous, deux causes
efficientes et immédiates des progrès et de l'épouvantable élévation des eaux, qui sont parvenues à atteindre
dans ces contrées jusqu'à 8 et 9 m. et plus : 1° l'en-

7.

combrement du lit du fleuve par les sables et graviers
qui, souvent, s'élèvent jusqu'au niveau des chantiers;
2° obstacles et embarras suscités au volume, ainsi
qu'au cours des eaux, par des plantations qui ont,
d'autre part, rétréci et amoindri les diverses dimensions du fleuve. Remèdes : curage et creusement du
lit du fleuve, destruction des plantations et de tous
autres obstacles propres à lui rendre toute la largeur
et toute l'étendue qu'il est susceptible de recevoir.

Quand on songe, en effet, que le nombre des principaux affluents de la Garonne est de vingt et quelques,
parmi lesquels se rencontrent, entre autres, l'Ardèche,
le Lot et le Tarn, tandis que, d'une autre part, vingt
ou trente autres affluents de deuxième et de troisième
ordres peuvent venir verser à la fois, ou plus ou moins
simultanément, toute la masse des eaux qu'ils contiennent, et qui descendent si souvent avec tant de violence
et de rapidité du flanc même des Pyrénées, d'un côté,
et de l'autre, des plateaux, versants et montagnes du
Rouergue et du Quercy, il faut songer avant tout aux
divers lits et bassins qui doivent leur être, tout ensemble, réservés et ménagés avec autant de sollicitude
que de prévoyance, pour que de tels torrents ne viennent pas tout détruire et tout ravager sous leurs pas.
Sous ces divers rapports, nous pouvons conclure hardiment que c'est encore, et plus particulièrement ici
que partout ailleurs, que les immenses moyens pré-
ventifs et défensifs, dont nous venons de traiter, sont
principalement et éminemment applicables.

XIX.

Il existait anciennement en Anjou un système
d'hydrographie fluviale pour l'aménagement et la retenue des eaux, parfaitement bien entendu et combiné
pour satisfaire à tous les besoins de la navigation et
des diverses industries agricoles et autres. Ce système
consistait dans une suite ou succession de barrages par
fraction ou division de petits bassins, établis sur le
cours de nos principales rivières, telles que: le *Loir*,
la Sarthe, *la Mayenne*, *le Layon*, etc. Ces barrages tous
plus ou moins submersibles au point de contact desquels étaient assez fréquemment construites diverses
sortes d'usines, tels que: moulins à farine, moulins à fou-
lon (*papeterie*), tanneries et autres, étaient desservis par
des écluses appelées portes ou portes marinières. De tous
ces établissements il ne reste plus guère que des débris ou que des fractions plus ou moins insuffisantes et
incomplètes, la guerre civile d'une part, le défaut d'entretien et d'usage de l'autre, puis enfin et dans ces
derniers temps, les diverses tentatives faites afin d'y
substituer les canaux de navigation modernes avec
leurs écluses à sas ou autres, ont tout détruit et compromis sans y fonder rien de définitif et de suffisant.

Comme sous ces divers rapports, l'économie générale d'un pareil système se rattache éminemment aux
diverses questions aujourd'hui posées, nous redemandons sinon leur rétablissement intégral et identique,
quelque chose tout au moins de plus ou moins analo-

gues, amélioré et perfectionné conformément aux indications de la science et des diverses inventions modernes. Les retenues d'eaux dont il s'agit, ainsi que leurs écourues, n'étaient ni arbitraires ni absolues alors, elles étaient réglées et indiquées administrativement et assez de temps à l'avance pour que chacun pût préserver et mettre à l'abri, sa personne, ses biens et ses récoltes; en un mot, l'administration publique avait la clef de toutes ces choses et s'empressait de crier gare l'eau à tous et à chacun en temps et saisons opportuns. Nous croyons devoir noter ici que Chalonnes a demandé depuis longtemps et itérativement, le rétablissement de la navigation du Layon au moyen de la reconstruction de ses portes marinières détruites par cause de force majeure pendant la guerre de la Vendée.

XX. 

Nous ne terminerons point sans vous faire observer ici qu'en nous associant à la plupart des travaux et des projets indiqués par M. le commandant Rozet, comme pouvant remédier plus ou moins radicalement à nos inondations actuelles; nous n'avons point entendu adopter sans réserve ce qu'il dit, principalement de nos grandes et anciennes levées et surtout et en particulier de la levée de la Loire. M. Rozet prétend que les plus grands désastres s'étant montrés sur les points où les ruptures des levées ont eu lieu, il faut renoncer à tout jamais à tous les systèmes d'endiguements insubmersibles tant anciens que nouveaux. Ce raisonnement ne nous semble à nous, ni bien rigoureux, ni bien concluant, car nous pourrions nous servir comme lui du même argument pour conclure à la conservation et au maintien de toutes nos levées sans exception, en lui objectant que ces mêmes levées ayant résisté partout, excepté sur quelques points isolés et toujours les mêmes, mal choisis, mal construits ou mal entretenus, par conséquent, il ne s'agit plus alors que de remédier à ces défauts tout à la fois originaires et primitifs pour que tout se retrouve dans les meilleures conditions d'ensemble et de résistance possibles, ce qui prouve ici comme en toute chose, qu'il ne faut jamais être ni trop exclusif ni trop absolu.

Quant à nous et par rapport aux réserves en question, non seulement nous sommes de l'avis de M. Dausse, mais nous serons plus explicite encore en disant que notre grande et ancienne levée d'Orléans à Angers et particulièrement dans son parcours au travers notre département, non seulement doit être maintenue, mais encore surélevée et consolidée de manière à présenter une ligne de conservation et de défense infranchissable en faveur de toutes les villes, villages et contrées qui se sont élevés sous la sauvegarde de sa protection et de son abri séculaire.

M. Rozet ajoute plus loin, que partout où se sont rencontrés des obstacles vifs et naturels, tels que : haies, plantations, clôtures, arbres et arbustes de toutes sortes et natures, là, les eaux se sont divisées et amorties de manière à préserver des ensablements, des

ravages et des destructions, tout ce qui avait pu se
trouver protégé ainsi par eux. Ces résultats épars et
fortuits sont précisément ceux que nous employons,
réunis et combinés pour la défense et la préservation
de nos îles et de nos cultures riveraines ; pour cela faire
nous donnons, ou plutôt le génie du fleuve donne aux
îles, ou alluvions dont il s'agit, la forme d'un poisson,
ayant une tête, des flancs et une queue ; la tête, nous l'éle-
vons autant que possible au moyen de plantations en buisson entremêlées d'arbres en souches, d'empierrements le
tout formant une masse aussi compacte et aussi gazonnée que possible ; les flancs ou chantiers, nous les gar-
nissons d'espèces de saules ou lnisettes que nous char-
geons de pierres à l'occasion et de diverses manières,
etc., le tout reposant sur une assez large lisière de terrains également gazonnés, le plus souvent séparés des
terres arables par un fort pallis de branches étroite-
ment et vigoureusement pliées et enchevêtrées les unes
dans les autres, servant à la fois de seconde ligne de
défense et de clôture. Telle est la manière aussi simple
que naturelle au moyen de laquelle, nous, pauvres
agriculteurs, îlais et riverains, nous savons défendre
ces terres arables si fécondes et si productives que nous
plaçons toujours au centre de toutes ces petites terres
incessamment menacées et flottantes. Eh bien, que l'on
applique les divers moyens que nous venons d'indiquer
à nos grandes et anciennes levées, constituées et ren-
forcées ainsi que nous l'avons dit plus haut ; et qu'au
lieu de laisser, ainsi que cela existe sur tant de points,
le flot du fleuve, battre et saper incessamment et à
tous ces divers degrés d'élévation jusqu'aux plus

grandes inondations inclusivement, la base, les flancs
et jusqu'à la crête de toutes les levées dont il s'agit,
on essaye, au contraire de les garantir et de les préserver au moyen de plans inclinés venant se prolonger
selon certaines dimensions et directions dont il y aura
lieu 'de rechercher les proportions diverses jusque
dans le lit même du fleuve; puis que tous ces terrains
soient plantés, gazonnés, perrés ou cimentés ainsi que
nous l'avons déjà dit et répété sous tant de formes;
que l'on ouvre en outre et si on le juge convenable,
ainsi que nous l'avons par exemple indiqué pour notre
département, plusieurs arches et canaux de dérivation
chargés de diminuer et de diviser le trop plein des
eaux, nous croyons qu'on aura ainsi et pour longtemps encore résolu une partie du problême des inondations de la Loire.

S'il pouvait y avoir place ici pour un sentimenta-
lisme quelconque, nous dirions assez volontiers que
nous devons un nouveau tribut de respect et de reconnaissance à ce vieux monument des temps passés qui,
tout broyé et tout mutilé qu'il ait été dans le combat,
ne s'en est pas moins offert et une fois de plus encore,
comme une arche providentielle de protection et de
salut à tant d'infortunés et malheureux inondés.

XXI.

En nous occupant, dans ce travail, des causes des
inondations et des meilleurs remèdes à leur opposer,

nous n'avons point entendu faire ainsi l'histoire entière et complète de nos inondations actuelles. Cependant, et sous ces divers rapports mêmes, il peut survenir tels ou tels épisodes dont la grandeur et la
signification soient si manifestes st si caractéristiques,
qu'il ne puisse être permis à personne d'en méconnaî-
tre ou d'en amoindrir le retentissement et l'éclat. A
ces différents points de vue, l'histoire et la postérité
consigneront donc également dans leurs annales, la
visite faite par S. M. l'Empereur Napoléon III à tous
les inondés et particulièrement à ceux de Maine-et-
Loire.

Arrivé à Angers le lundi 9 juin 1856, à 6 heures du
soir, l'empereur, à peine descendu de la voiture de
poste qui l'avait amené, remonta presque immédiatement dans une autre afin que sa première visite fût
bien évidemment ici pour ceux de nos pauvres inondés qu'on pouvait encore, sans trop de difficultés et
de dangers, approcher et rejoindre. Ce fut donc à la
Pyramide, à une lieue de distance environ d'Angers,
là où le dernier flot de l'inondation venait, pour ainsi
dire d'expirer, qu'il s'embarqua et vint aborder sur
une sorte d'îlot en forme de plateau, ou un grand
nombre de cultivateurs et d'ouvriers de carrières s'é-
taient réfugiés au dernier moment, poursuivis par
l'inondation qui venait de submergé sous leurs yeux
et leurs moissons et leurs demeures dont ils voyaient
successivement les dernières traces et les derniers
débris s'abîmer et disparaître autour d'eux. Certes,
si jamais spectacle émouvant et sublime fut appelé à
frapper en même temps et le cœur et les yeux, c'est

celui de cette foule d'hommes, de femmes, de vieillards et d'enfants tous là, mêlés confondus et cons-
ternés, entourant de leurs acclamations, de leurs vœux
et de leurs prières, le chef et l'élu de l'un des plus
grands et des plus florissants empires du monde; de
ce souverain aussi heureux qu'habile qui sut également
mener à bonne fin et la guerre et la paix et qui là
aujourd'hui, avec une simplicité et une magnanimité
digne des plus beaux faits de l'antiquité, s'en vient au
milieu de nous pour consoler, secourir, encourager et,
chemin faisant, pour pardonner ensuite à quelquesuns de ces hommes plus égarés encore que coupables.

On se propose, dit-on, d'élever à Trélazé une co-
lonne mémorable et commémorative, devant consacrer
ici une aussi noble et aussi touchante entrevue; nous
ne pouvons qu'applaudir à un pareil projet, mais il
serait, à notre sens, insuffisant et incomplet, attendu
que cet hommage rendu aux malheureux inondés, s'a-
dressant à tous sans exception, ce serait alors, s'il
s'agissait d'un monument digne en tout point de cette
bonne et généreuse pensée, à Angers qu'il faudrait
l'édifier, Angers étant, en effet, et le résumé et la per-
sonnification du département tout entier.

Voir pour tout ce qui concerne l'histoire des inondations actuelles les journaux et écrits du temps, et
particulièrement un grand ouvrage, in-folio, avec des-
sins et texte, publié à Angers en juin et juillet 1856,
sous le titre de *Souvenirs de l'inondation de Maine-et-
Loire*.

FIN

INDICATIONS DES ÉPOQUES ET LIEUX

DES

RUPTURES DE LA LEVÉE DE LA LOIRE.

1496   3 Janvier. L'auteur du *Déluge de Saumur*, qui parle de cette rupture (p. 44), dit seulement, les levées rompirent, et n'indique point en quel endroit.

1527   L'auteur des *Antiquités d'Anjou* qui nous fait connaître cette seconde rupture (p. 475), ne dit point non plus où elle se fit.

1561   Janvier. Auprès de Saumur, sans autre indication. (*Déluge de Saumur*, p. 43.)

1586 25 Septembre. Sans indication de lieu. (Hiret, *Antiquités d'Anjou*, p. 507.)

1615 15 Mars. C'est l'époque de cette grande crue de
la Loire que Bourneau nomme le *Déluge de
Saumur*, la levée fut rompue en cinq endroits : 1° un peu au-dessus du bourg de
Villebernier ; 2° au-dessous de celui de
Saint-Lambert-des-Levées, près la limite de
Saint-Martin-de-la-Place ; 3° dans la commune de Saint-Martin-de-la-Place, vis-à-vis
le château de Boumois ; 4° en la commune
des Rosiers ; 5° en la succursale de Saint-
Mathurin.

1618 10 Février. En la paroisse des Rosiers, sans
autre indication.

1628 2 Décembre. Entre Chouzé et la Chapelle-
Blanche.

1629 13 Février. Dans le même endroit que la précé-
dente.

1649 12 Janvier. Entre Varennes-sous-Montsoreau
et Villebernier, au lieu nommé Pitot, que
l'on nomme aujourd'hui Brèche-Pitot.

1651 17 Janvier. 1° Au-dessus du bourg de Saint-
Martin-de-la-Place, entre les Fontaines et la
rue Thibault ; 2° à la Brèche-Pitot pour la
seconde fois.

1661 11 Janvier. 1° Dans la paroisse de Saint-Martin-de-la-Place, vis-à-vis les Varennes ; en
cet endroit la Loire emporta deux maisons
en se précipitant dans la vallée ; 2° dans la
paroisse de Saint-Lambert-des-Levées, vis-
à-vis la Marmillonnière ; 3° dans la paroisse
de Chouzé, un peu au-dessus de la chapelle

de Saint-Médard ; il y avait eu une rupture, en ce dernier endroit, cent ans auparavant (Janvier 1561).

1707 9 octobre. Dans la paroisse de la Chapelle-Blanche, aux Trois-Volets.

1710 11 Novembre. Dans la même paroisse : 1° pour la seconde fois aux Trois-Volets ; 2° au-dessus du bourg de la Chapelle-Blanche.

1711 15 Février. Aux mêmes endroits qu'en 1710.

Plusieurs de ces ruptures sont marquées par de petits lacs que la Loire a creusés au pied de la levée en se précipitant dans la vallée comme à la Brèche-Pitot, à celle de Baumois et ailleurs ; ils ne tarissent point, même pendant les plus grandes sécheresses. Au résultat on voit que, depuis 1496 jusqu'à 1711, la levée a été rompue vingt-trois fois par les grandes crues de la Loire, et que, depuis un siècle, elle a résisté à tous les efforts du fleuve qui cependant s'est élevé, le 5 février 1799, à neuf pouces au-dessus des plus grandes eaux dont on ait conservé la mémoire : preuve incontestable de l'amélioration et même du perfectionnement de cette grande et belle digue.

(Extrait des recherches de Bodin.)

Ce qu'écrivait ainsi en 1821 notre savant et fidèle historien de l'Anjou, est également favorable au maintien, à la conservation, ainsi qu'à toutes les améliorations qui peuvent encore être faites à cette grande et indispensable levée, à l'abri de laquelle se sont également élevés et perfectionnés tant de villes, villages et cultures qui font la richesse et l'admiration de nos contrées ;

Soit qu'on n'en ait pas recueilli les dates, soit que les choses aient existé ainsi, Bodin prétend que dans l'espace d'un siècle notre grande levée a résisté à toutes les grandes eaux et à toutes les inondations qui ont eu lieu. Depuis 1821, date à laquelle il écrivait, jusqu'en 1843, on ne signale aucune rupture ni aucune inondation digne de l'être. Nous croyons que c'est à tort, car, quant à nous, nous avons souvenir de quelquesuns de ces désastres qui, pour n'avoir pas été aussi graves que ceux que nous avons cités, n'en mériteraient pas moins d'être mentionnés, les levées de Savennières, par exemple, et autres, ont été plusieurs fois rompues et détruites depuis cette époque, etc.

1843, le 10 janvier. Le Thouet et la Loire débordent de toutes parts, et le 16, la Loire, à l'échelle du pont de Cessart, dépassant la ligne du 17 pluviose, an VII (6 m. 20). Le Thouet rompt ses lignes en trois endroits. Peu de temps après, la levée de la Loire, au nord de l'Ecole, est ouverte dans une longueur de plus de 100 m. A Montsoreau, la route de Limoges a été rompue en plusieurs endroits. A Belle-Poule, près d'Angers, la levée n'est préservée que par miracle. A Saint-Jean-de-la-Croix, au-dessous des Ponts-de-Cé, la Loire s'ouvre une large brèche ; de l'autre côté, sur la rive droite, les levées de Savennières sont rompues.

Les bas quartiers de la ville d'Angers sont envahis et inondés par les eaux. Enfin à Saumur, ainsi qu'à Angers, les eaux s'élèvent jusqu'à 6 m. 70. On a attribué cette énorme crue à peu près aux mêmes causes qu'on leur assigne aujourd'hui, c'est-à-dire à l'abon-

dance et à la continuité des pluies, et au comblement
du fleuve.

1846. En cette année les eaux s'élevèrent à peu près
à la même hauteur qu'en 1843, seulement elles le
firent plus lentement, et s'en allèrent plus vite. Des
précautions avaient été prises, et les levées résistèrent
presque partout. Sauf quelques ruptures de peu d'importance, nous n'eûmes pas à déplorer de grands désastres ; les eaux passèrent en plusieurs endroits sur
les ponts des Ponts-de-Cé, et inondèrent divers quartiers de la ville. A Angers, elles envahirent aussi nos
quais, après avoir inondé de plusieurs mètres les
quartiers de la Poissonnerie et de Ligny.

1856. Depuis 1846 jusqu'en 1856, on ne peut heu-
reusement constater aucune des grandes et désastreuses inondations pareilles à celles de cette année.
Nous n'en avons pas moins subi un grand nombre de
crues et de grandes eaux de plus en plus répétées, qui
sont venues successivement envahir et compromettre
les terrains qui n'en avaient jamais été atteints qu'à
de très longs intervalles.

Dans la présente année 1856, les eaux se sont élevées, chez nous, à 7 m. et plus de hauteur ; les digues
de Belle-Poule ont été rompues, les carrières envahies,
une partie des Ponts-de-Cé submergée, enfin, dans les
quartiers bas de la ville d'Angers, plus de 2 m. d'eau
envahissaient les maisons, et nos quais étaient couverts
d'une nappe d'eau qui empêchait la circulation. Enfin
au Bourg-la-Croix, à Savennières, à Chalonnes, entre
Montjean et St-Florent, une grande partie des digues
ou levées ont été emportées et rompues.

Dans le haut Anjou les désastres sont immenses.
Saumur est envahi sur plusieurs points, et la plupart
de ses levées rompues. Dans la vallée de l'Authion, la rupture qui venait d'avoir lieu à la Chapelle-
Blanche sur près de 200ᵐ de large, permit à la Loire
de s'engouffrer comme une avalanche dans l'immense
et fertile contrée que la levée avait protégée jusqu'alors,
en entraînant avec elle, sans en laisser aucune trace,
environ 100 maisons, un village tout entier. Puis, précipitant sa course selon les pentes et les directions de
l'Authion, ravageant et confondant tout sur son passage, maisons, fermes, étables, mobiliers, fourrages,
bestiaux, hommes, femmes, enfants, vieillards et
troupeaux, quand on avait songé trop tard, ou quand
ils n'avaient pas cru devoir songer eux-mêmes à se
sauver du naufrage. C'est ainsi que le flot arrive en
s'accumulant et en se grossissant toujours, et de plus
en plus, jusqu'aux rochers schisteux sur lesquels sont
assis Angers et les Ponts-de-Cé, au travers desquels
il vient se ruer en inondant à la fois, et ainsi que nous
l'avons dit, et nos carrières, et ces beaux et admi-
rables ponts, dans lesquels il croit avoir trouvé un
obstacle digne de lui, tant il semble hésiter et s'arrêter,
pour reprendre bientôt, et de nouveau, sa course de
plus en plus fougueuse et vagabonde jusqu'à Nantes
et jusqu'à la mer, où il viendra bientôt se confondre
et s'absorber. Ces désastreuses calamités, dont on
pourrait volontiers faire remonter la date jusqu'au
15 mai, n'ont guère eu pour nous leurs plus redou-
tables gravités qu'à partir du 5 juin, mais jusqu'au
15 du même mois, le deuil et l'anxiété ont été à leur

comble. Rien ne leur fut égal, si ce n'est le courage, le dévoûment, le zèle et l'abnégation de tous et de chacun. Ces nobles et généreux sentiments, on les retrouvait partout et toujours, et particulièrement chez nos pauvres et malheureux inondés, dont la résignation fut aussi admirable que sublime.

Espérons toutefois que ce long et horrible martyrologe diluvien touche en ce moment à sa fin, et que, si l'on ne peut en tarir entièrement la source, on trouvera tout au moins les moyens d'en diminuer ou d'en tempérer les ravages.

ANGERS. — IMPRIMERIE JULIEN LECERF, PLACE SAINT-MARTIN.

TABLEAU HYDROGRAPHIQUE DE LA LOIRE.

FLEUVES ET RIVIÈRES qui se rendent à la mer.	RIVIÈRES qui se jettent DANS LES FLEUVES	RIVIÈRES du DEUXIÈME ORDRE.	RIVIÈRES du TROISIÈME ORDRE.
	Le Lignon,		
	La Semêne,		
	La Furand,		
	L'Ardêche,		
	La Coise,		
	La Toranche,		
	L'Osse,		
	Le Sornin,		
	L'AROUX grossi par.........	La Creuzevaux,	
		La Bourbince,	
		L'Oudache.	
	La Somme,		
	Le Canal de Charolles,		
	L'Aron,		
	La Nièvre,		
	La Nounain.		
	Le Canal de Briare,		
	Le Canal d'Orléans,		
	La Cize,		
	L'Authion.		
		La Calmont,	
		L'Ernée,	
		Le Vicoin.	
		L'OUDON grossi par.........	L'Argos,
			La verzée.
	LA MAYENNE grossie par.....	La Varenne,	
		L'Aisne,	
		La JOUANNE grossie par......	La Dinard.
			Le Sarton,
			La Grey,
			La Vesgre,
		La SARTHE grossie par......	L'Erve,
			Le Vaige,
			L'Orne,
			L'Huisne.
	L'Erdre,		
	La Borne,		
	L'Arzon,		
	L'Ance,		L'Oraine,
	La Mare,		La Braye,
	L'Isable,		Le Télusson,
	La Rebaison,	LE LOIR grossi par	La Veure,
	La Besbre,		L'Étang-sort,
	L'Acolin.		La Connie,
			La Fare.
LA LOIRE reçoit....		La Senouire ou Sioule,	
		La DORE grossie par.........	La Durote.
		Le SICHON grossi par.......	La Dolore
			Le Jolan.
		La Mourgon,	
		Le Valençon,	
		Le Suéjols,	
		La Dègne,	
		L'Allagnou,	
		La Crousse,	
		La Monne,	
	L'ALLIER grossi par........	L'Artier	
		L'AMBENNE grossie par......	La Morge.
	L'Aubois,	L'ANDELOT grossi par.......	La Double,
	La Vaumoise,		L'Ouseuun.
	La Nord-Yèvre,		
	Le Loiret,		
	Le Cosson,	La Quengne,	
	La Beuvron.	L'Ours,	
		La Bioudre,	
		Le Charot	
		La Saudre,	
		La Majioure,	
	LE CHER grossi par.........	La Quengne.	
		L'ARNOU grossi par	Le Portefeuille,
			Le Téols.
		La Nedon.	
		L'Igneray,	
		L'Indrois,	
	L'INDRE grossi par.........	La Vanvre,	
		La Mandre,	
		Le Thorian.	
			Le Veroux,
			Le Veron,
		La CREUZE, grossie par......	La Bouzanne,
			La Gartempe,
			La Brezentine.
	La VIENNE grossie par.......	L'Ardour,	
		La Connié,	
	L'Argentou,	Le Vinçon,	
	L'Aven,	Les Deux Briances,	
	L'Èvre.	Le CLAIN grossi par.........	Plusieurs rivières.
	La SÈVRE Nantaise grossie par.	Le Moine,	
	L'Erdre	La Sangoise,	
		La Maine.